新能源科技译丛

低成本太阳能发电

（美）刘易斯·M. 弗拉斯 著
张玉霞 邢文龙 译

中国三峡出版传媒
中国三峡出版社

图书在版编目（CIP）数据

低成本太阳能发电／（美）刘易斯·M. 弗拉斯（Lewis Fraas）著；张玉霞，邢文龙译. —北京：中国三峡出版社，2016. 7

书名原文：Low-Cost Solar Electric Power

ISBN 978 - 7 - 80223 - 940 - 1

Ⅰ. ①低… Ⅱ. ①刘…②张…③邢… Ⅲ. ①太阳能发电 - 研究 Ⅳ. ①TM615

中国版本图书馆 CIP 数据核字（2016）第 247395 号

中国三峡出版社出版发行

（北京市西城区西廊下胡同 51 号　　100034）

电话：（010）66117828 66112788

http：//www. zgsxcbs. cn

E - mail：sanxiaz@ sina. com

北京市十月印刷有限公司印刷　新华书店经销

2017 年 1 月第 1 版　2017 年 1 月第 1 次印刷

开本：787 × 1092 毫米　1/16　印张：11. 875　字数：250 千字

ISBN 978 - 7 - 80223 - 940 - 1　　　定价：52. 00 元

内 容 提 要

这张图片是作者供职的公司于2008年在中国上海附近设计并安装的太阳能电池板，功率为300 kW。截至2013年底，世界最大的在用太阳能集热场功率达到300 MW，是2008年建造的电池板的1000倍。预计到2018年，全球将有多个功率达吉瓦级的大型太阳能集热场。

序

本书主要介绍了最新的太阳能电池技术，由 Lewis Fraas 博士编著，为读者了解太阳能电池发展现状提供了丰富资料，同时也对太阳能电池未来的发展趋势进行了分析。Fraas 博士从事太阳能领域的研究多年，取得了丰硕的成果，曾经参与解决了多项技术难题。本书以此为基础进行编写，也阐述了 Fraas 博士对太阳能未来发展趋势的预测和见解。

第一章简要总结了太阳能电池发展175 多年的历史，从科学家第一次观察到光伏效应开始，一直到现代将太阳能转化为电能的商业化模式。作者详细介绍了近200 年来太阳能领域的所有关键科学理论和技术发展情况，以及发展中遇到的技术瓶颈和难题。

第二章介绍了太阳能电池市场从21 世纪初到现在的巨大发展。当前，太阳能电池已成为经济、实惠的大规模供电方式，不仅有助于解决能源短缺问题，也可以应对全球变暖和空气污染等相关问题。

第三章中，作者展示了自己在太阳能电池技术这一复杂领域研究的独到之处。他向读者解释了太阳能电池为什么会有现在的发展，以及未来的发展的机会，其中包括许多当前被忽视的问题。

第四章中，作者对半导体量子力学进行了介绍，这是我迄今为止所见过的最有说服力、最准确的描述，而且没有采用纯数学性的表述，可以让没有深厚理论和物理知识背景的人更容易理解深层的科学概念。

第五章是最精彩的一章。在这一章中，作者详细讲述了中国太阳能产业市场的计划投资对日本和美国的自由市场式太阳能电池行业的影响，而这一时期的德国太阳能电池行业仅处于勉强维持的状态。这是对人造卫星、先锋太空火箭和卫星发展历程的重新审视。中国迎头赶上的不是美国的自由市场体制，而是远超美国军方的发展计划和大量投资。最终，自由市场体制在2014年胜出，商业太空火箭变为最实际的解决方式，并很快占据主导。然而，第一颗人造卫星是在1957年发射的。可以想象自由市场体制在美国最终获胜前的60年期间面临的军事风险。

如果不考虑全球变暖和污染因素，单从美国甚至全球在能源战略、能源安全和能源独立等方面的当前利益出发，需要确保计划的早期投资远远超出自由市场体系最初可产生的利润，尤其是在最终结果可以成为经济竞争力的情况下，更应当确保其切实实施。许多以美国为首的技术创新，主要得益于军队或者美国国家航空航天局的资助，比如商用喷气飞机、电子集成电路、互联网、卫星，以及人类登月计划，美国州际公路系统等基础设施更是此类投资的典范。

第六章简明叙述了薄膜太阳能电池研究的进展。碲化镉薄膜太阳能电池是将太阳能组件价格降至2美元/瓦特以下的主要“功臣”，但存在的问题是这种组件的固有的有限的效率。

第七章对聚光太阳能电池系统的优点进行了详细的介绍。

第八章是作者针对效率为40%的太阳能电池发展的个人见解和精彩介绍。

第九章是对太阳能光伏大规模发电的介绍，其中关于汽车连接到电网（V2G）存储技术发展潜力的介绍，非常精彩，令人耳目一新。这一技术将太阳能和风能结合，真正意义上取代了煤、石油、天然气，甚至核能这些公共发电方式。

第十章介绍了如何通过聚光系统提供照明和发电，这一技术的前景非常广阔，应予以关注。

第十一章对我本人具有重要意义，通过这一章的描述，我开始理解一些关于热光伏的重要因素和潜在优势。

第十二章是前瞻性介绍，解释了很多关于如何在太空中安置太阳能反射镜的细节性内容，这些技术可以大大降低未来太阳能发电的成本。

Larry Partain
Los Altos，加利福尼亚

前　言

1973 年，阿拉伯对西方资本主义国家实行了石油禁运，这是美国遭受的第一次能源冲击。该事件促使福特总统（Gerald Ford）开始推行支持美国能源独立的政府资助计划。卡特总统（Jimmy Carter）也延续了对这一计划的支持态度，但他更侧重于发展风能等可再生的无污染能源。1975 年，国际太阳能技术中心在美国加利福尼亚州成立，并将原本应用于太空行业的硅太阳能电池引入地面设备。

太阳能电池是将阳光直接转换成电能，而电能是最有价值的一种能量形式。太阳能电池有两个突出优点：

- 没有需要移动的部件，半导体设备几乎不需要维修。
- 没有燃料消耗，几乎对环境没有影响。

1980 年，国际太阳能技术中心首次研制出功率为 1 MW 的地面太阳能电池。然而令人遗憾的是，同年，里根总统（Ronald Reagan）下令拆除当年卡特总统任职期间安装在白宫的太阳能电池板。同时，里根总统在美国推行了新的能源政策，并声明美国将为捍卫中东石油的进口权采取必要的军事行动。第一次中东石油战争随着伊拉克入侵科威特，在 1991 年最终爆发。

同时，德国、日本和美国发起了联合房主为离网和联网应用购买地面太阳能组件的绿色行动。截至 1999 年，全球在运行的地面太阳能组件共产生 1 GW 的电能；到 2012 年底，全世界各地包括大型公用事业中心发电站在内的所有太阳能电池共产生 100 GW 的太阳能电力。我们现在正处在太阳能变革的时期。本书第一章讲述了太阳能电池的演化历程，不仅介绍了太阳能电池和组件研究革新的科学史，还介绍了不同政府在不同时期的政策和经济投资对其发展的重要作用。

第二章通过讨论认为在未来5～10年内，石油产量可能达到峰值，天然气行业泡沫也可能破灭，进一步强调了发展可再生能源的重要性。气候变化明显，冰川消融，超级风暴和台风海燕等环境影响剧烈。煤炭污染从北京和上海的雾霾照片中就可见一斑。

第三章和第四章介绍了太阳能电池技术的发展。第三章主要讨论了不同类型的太阳能电池、组件和系统，以及目前的产业状况。第四章主要描述了太阳能电池的工作原理，并强调了单晶半导体对实现高电池效率的重要性。

晶体硅（c-Si）太阳能组件在当今太阳能电池技术市场上占主导地位，其核心技术在第五章中进行了详细介绍。晶体硅系统的安装价格已经降到2.5美元/瓦特，而且还在持续下跌。当前的一系列技术方法会继续推动成本的下降。

三十多年来，我一直有个梦想，希望非晶硅薄膜太阳能电池技术可以进一步降低家用和公用太阳能系统的安装价格。但遗憾的是，由于第四章介绍的部分科学性的原因，这一梦想至今还没能变成现实，其中的主要原因是非晶硅薄膜太阳能电池自身转化效率的限制。尽管如此，这一领域已经取得了巨大的成就。比如，我一直使用的光动能手表以及由非晶硅光伏电池供电的计算器，就是典型的代表。另外，非晶硅半导体设备的应用也取得了可喜的发展，典型代表为用于液晶显示器的大面积场效应晶体管驱动电路。我们使用的iPad、手机、平板、电视以及电脑屏幕都在使用这些显示器。第六章对相关技术做了详细介绍，这是太阳能电池和显示器相互作用的典型案例。

本书的第一章至第六章主要讲述了太阳能电池革命的大趋势，后半部分则主要介绍了太阳能电池的技术可行性，但需要政策和经济的全面支持。一种方法是利用聚光系统降低公用太阳能系统的成本。这一理念若用镜子、塑料或者玻璃镜片等也具有同样聚光面积，但使用成本更低的光学元件替代单晶电池，可进一步降低太阳能电池的成本。这种聚光光伏技术有两种形式，一种是使用效率为24%的硅电池低聚光光伏，另一种是使用效率为44%的高效多结电池的高聚光光伏。具体内容见第七章。SunPower公司在低聚光光伏概念的发展上取得了显著成果，近期刚发布了一个70 MW太阳能电力的订单。第八章则从作者角度讲述了效率为40%的高效多结太阳能电池的发展历史。

第一章和第二章提到了主要职权部门、可再生能源倡导者以及反对派之间针对石油、天然气、煤、核能等主要能源由来已久的争论。主要职权部门在美国的影响力从2003年第二次伊拉克战争中就可见一斑。但遗憾的是，美国在2005年失去了在晶体硅光伏领域的主导地位，中国则取而代之，成了该行业的新的领头羊。职权部门认为可再生能源过于昂贵，并对此强加指责。本书的前八章的目的旨在证明这种指责毫无根据。

主要职权部门将指责的矛头转向了太阳能和风能的间歇性。这一问题完全可以通过能量存储加以解决，而且目前相关解决措施已经在实施中。然而，还有一个正在兴起的产业对太阳能的发展起到了潜在的推动作用，即引入电动车代替汽油车作为通勤工具。假设每天上下班开车2小时，剩下的22个小时可以将其放置在公司停车场或者家里的车库里，在公司可以利用太阳能或者风能给电池充电，而后这些电池还可用于夜间家庭供电。具体见第九章。

尽管美国失去了光伏制造市场的主导地位，中国取而代之占据首位，但美国和欧洲仍在不断地创新。第十章和第十一章介绍了光伏电池的多种混合应用。比如，红外敏感光伏电池或者热光伏电池可以用来将红外线热能从发光物体转换成电能的热电联产应用中。天然气加热家用炉中发光的陶瓷元件可用于寒冷天气里供热和供电，其转化效率为90%。另外，这些红外光伏电池可以捕获钢厂发光钢坯产生的热辐射，进而用于发电，减少中国的煤炭燃烧排量。

第十二章介绍了太阳能极具潜力的发展动向。这一应用是介于两大潜在变革之间另一潜在趋势，具有良好的利润前景。太阳能面临的一个挑战是，受日照时长的限制。几十年来，太阳能行业一直梦想着通过太阳能发电卫星（SPS），实现24小时全天候的太阳能供电。然而，太阳能发电卫星的概念非常复杂，因为其有多个能量转化步骤，还包括要专门建造地面微波接收站。第十二章中介绍了一种替代性解决方案，该方法是在高度为1000 km的太阳同步轨道上安装直径为10 km的反射镜阵列，在黎明和黄昏时将阳光反射回地面太阳能发电场，这样就可以在早晨和夜间提供额外3小时的电力。关键是，现在世界各地正在兴建越来越大的地面太阳能场、光伏或槽式聚光太阳能发电场。通过反射镜阵列将阳光反射回地面是一个相对简单的概念。可以将这两种技术进行有机结合，比如，以更低的成本进入太空，以及建设更大型的太阳能电场。如果这一概念在未来能够得以实现，世界各地阳光充足的光伏场所产生的电力生成时间有可能增加到每天14个小时，使太阳能场容量系数增加58%，可再生无污染的太阳能电力的成本下降到6美分/千瓦时以下。

低成本太阳能发电

本书的后半部分主要介绍了一些本行业内令人兴奋的发展潜力，但关键问题是如何为实现这些想法进行融资。金融界倾向于赞成职权部门提出的维持能源技术现状的观点（如最近提出的“压裂”理念）。希望本书的读者能够关注本书中提出的新理念，投以政治意愿和投资意向，助其早日投入实施，为了和平、美好而又充满阳光的能源未来努力！

Lewis M. Fraas 博士

2014 年 3 月

目　录

第一章　太阳能电池发展历程

1839 年，法国科学家 Alexandre Edmond Becquerel 首次观察发现一种浸泡在导电溶液中的电极在光照下产生光生伏特（PV）效应。至今已有 175 年的历史[1]。从总的发展情况来看，这一发现对此后光伏电池的发展具有重要的指导意义[2]。

1.1　发现光伏效应

光伏太阳能 175 年的发展历史可以划分为 6 个阶段，1839—1904 年为光伏太阳能的发现阶段。表 1.1 列出了第一阶段最具代表性的事件。1877 年，Adams 和 Day 研究了硒（Selenium）光伏效应[3]，1904 年 Hallwachs 用铜与氧化亚铜研制了半导体太阳能电池。然而，这一时期仅仅是光伏发现的初期阶段，对于为何会产生这种现象人们无从得知。

表 1.1　1800—1904 年：发现光伏效应

1839 年：Alexandre Edmond Becquerel 首次观察到光线照入导电溶液内产生电流的光伏特（PV）效应[1]。
1877 年：W. G. Adams 和 R. E. Day 在硒（Se）晶体中观察到光伏效应，并且发表了一篇有关硒太阳能电池的论文[3]。“The action of light on selenium”，见“Proceedings of the Royal Society”，A25，113。
1883 年：Charles Fritts 在硒表面镀上一层薄薄的金，制成了太阳能电池，但其最高效率只有不到 1%。
1904 年：Wilhelm Hallwachs 研制了一个半导体太阳能电池（利用铜与氧化亚铜）。

1.2　理论基础的形成

1905—1950 年为光伏设备的发展和进一步完善奠定了理论基础。表 1.2 列出了这一时期发生的与光伏相关的事件，主要包括：爱因斯坦提出了“光量子论”[4]，波兰科学家 Czochralski 提出并发展了生长单晶硅的提拉法工艺[5]，另外，高纯度单晶半导体能带理论得以发展[6,7]。高效能、高纯度单晶半导体太阳能电池对光伏电池理论的发展具有重要意义，本书第四章对这一理论基础进行了介绍。本阶段的发展为下一阶段奠定了良好基础。

表 1.2　1905—1950 年：理论基础的形成

1905 年：Albert Einstein 在普朗克量子概念的基础上提出了光电效应[4]。 1918 年：波兰科学家 Jan Czochralski 建立了生长单晶硅的提拉法工艺。数十年后，这一方法被应用于单晶硅生产。 1928 年：F. Bloch 基于单晶周期性晶格排列提出了能带理论[5]。 1931 年：A. H. Wilson 提出了高纯度的半导体相关理论[6]。 1948 年：Gordon Teal 和 John Little 利用 Czochralski 的晶体生长方法研制出了单晶锗，随后研制出了单晶硅[7]。

1.3　第一块单晶硅太阳能电池

表 1.3 列出了 1950—1959 年期间单晶硅光伏设备的发展和应用情况。这一时期的重要事件包括：1954 年 Pearson 和 Chapin 在贝尔实验室制成第一块单晶硅太阳能电池[8]。1957 年 Fuller 研制了效率为 8% 的硅太阳能电池并获得专利[9]。上述进步和发展为光伏市场的多样性奠定了基础，具体见第二章和第三章内容。

表 1.3　1950—1959 年：实用设备首次演示

1950 年：贝尔实验室研制出太空用太阳能电池。 1953 年：Gerald Pearson 开始研究锂—硅光伏电池。 1954 年：贝尔实验室宣布发明出第一块现代硅太阳能电池[8]。电池效率为 6% 左右。《纽约时报》报道称，太阳能电池未来将成为主要能源供应方式。 1955 年：美国西电股份有限公司（Western Electric）开始出售硅光伏技术商业专利。Hoffman 电子推出效率为 2% 的商业太阳能电池产品，电池售价为 25 美元/块，相当于 1785 美元/瓦特。 1957 年：AT&T 出让人（Gerald L. Pearson、Daryl M. Chapin 和 Calvin S. Fuller）获得了“太阳能转换装置”专利权[9]，专利号为 US2780765。他们将其称为“太阳能电池”。Hoffman 电子的单晶硅电池效率达到 8%。 1958 年：美国信号部队实验室的 T. Mandelkorn 制成 n/p 型单晶硅光伏电池，这种电池抗辐射能力强，更适合太空使用。Hoffman 电子的单晶硅电池效率达到 9%。美国发射的先锋 1 号卫星首次运用太阳能电池，光伏电池总面积 100 cm^2，功率 0.1 W。 1959：Hoffman 电子实现可商业化单晶硅电池效率达到 10%，并通过使用网栅电极显著降低了光伏电池串联电阻。

1.4　美国对光伏发展的大力扶持和新光伏设备的发展

光伏发展的后 3 个阶段可以根据政治环境的变化进行划分。1960—1980 年是光伏发展的第四个阶段，这一阶段光伏太阳能电池应用获得了美国政府的大力支持。光伏太阳能电池首次应用于太空卫星，随后也开始在陆地设施中得以应用。表 1.4

列出了这一时期的重要事件。

表 1.4　1960—1980 年：美国政府大力扶持新型光伏设备

1960 年：Hoffman 电子实现单晶硅电池效率达到 14%。

1961 年：联合国召开“发展中国家太阳能发展”会议。

1962 年：Telstar 通信卫星使用太阳能电池[10]。

1967 年：联合一号是第一个由太阳能电池供电的人造飞船。

1970 年：苏联的 Zhores Alferov 及其团队研制出第一块半导体异质结高效太阳能电池[12]。

1971 年：礼炮一号空间站采用太阳能电池供电。

1972 年：IBM 的 Hovel 和 Woodall 研制出效率为 18% ~20% 的太阳能电池[13]。

1973 年：天空实验室（Skylab）采用太阳能供电。

1975 年：喷气推进实验室（JPL）的平板硅晶组件首次从太空应用过渡到地面应用。

1976 年：RCA 实验室的 David Carlson 和 Christopher Wronski 首次研制出世界上第一块非晶硅光伏电池，其效率为 1.1%[16]。

1977 年：太阳能研究所在科罗拉多戈尔登成立。

1977 年：卡特总统在白宫安装太阳能板，积极推动太阳能系统发展。

1977 年：全球光伏电池产能超过 500 kW。

1978 年：第一个非晶硅太阳能电池供电计算器[17]诞生。

1970 年后期：出现“能源危机”[11]；太阳能应用引起社会广泛关注，尤其是光伏太阳能、主动式太阳能以及被动式太阳能在艺术建筑、未接入电网的建筑物和家庭中的应用。

1978 年：L. Fraas 和 R. Knechtli 介绍了 InGaP/GaInAs/Ge 三结叠层太阳能电池（300 个太阳）的概念，提出该电池在设定条件下的效率可达 40%[14]。

1978 年：美国出台并通过《公共事业管制政策法案》（PURPA）[18]。

这一阶段开始的标志性事件是 1962 年成功发射的第一颗通信卫星（Telstar）[10]（图 1.1a）并使用了硅太阳能电池供电。到 20 世纪 70 年代，硅电池开始应用于地面装置。图 1.1b 展示了一个典型的现代地面硅太阳能电池。本书作者从 1973 年开始从事太阳能领域的研究，在这一年还发生另外两件大事，一是阿拉伯石油禁运事件[11]，另一个是美国第一条输气管道建成。

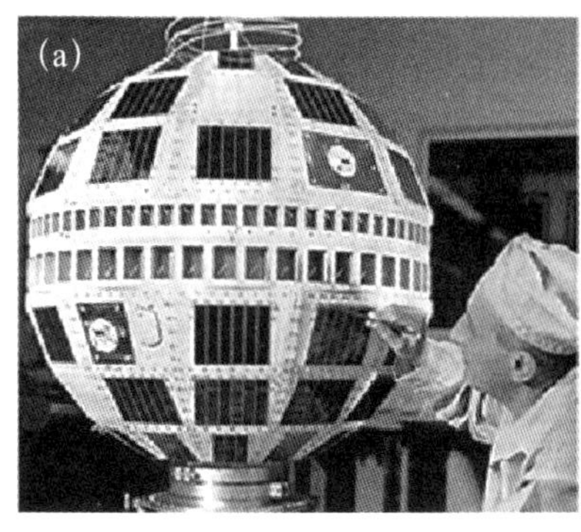

图 1.1 a　Telstar 卫星[10]　　b. 一种典型的硅太阳能电池/光伏电池[1]

另一个重大事件是，1975 年美国政府开始实施喷气推进实验室的晶体硅光伏电池组采购计划，主要针对地面系统开发和耐久性测试。在此之前，1973 年发生了第一次中东石油禁运事件[11]。福特总统和卡特总统均采取了大力扶持美国能源独立的政策。1977 年，卡特总统在白宫安装了太阳能电池板。

本阶段，多项新技术取得了成功和突破，其中包括用于太空的 20% 单晶 AlGaAs/GaAs 太阳能电池[12、13]，其抗辐射能力要优于硅电池[14]。Fraas 和 Knechtli 从理论上描述了 40% 效率的 InGaP/GaInAs/Ge 三结叠层电池[15]。第七章和第八章结合阳光跟踪理念对高效太阳能电池进行了介绍。

1976 年，Carlson 和 Wronski 并没有遵从太阳能电池单晶理论，并研制出第一块非晶硅太阳能电池[16]，该电池的转换效率较低。1978 年，整体式结构升压技术的发展使得非晶硅太阳能计算器可以依靠室内光线供电[17]，这是非太阳能光伏设备的典型代表。然而，太阳能光伏是推动非晶硅发展的主要动力。非晶硅在太阳能领域的其他领域也占有巨大的市场，最重要的是在电视液晶显示屏（LCD）方面的应用。然而，非晶薄膜的应用也不仅仅局限于光伏领域，在非晶光伏设备的发展方面也投入了巨大的人力和物力，具体内容见第六章。

光伏发展的第四个阶段随着美国于 1978 年颁布《公用事业管制政策法案》(PURPA)[18]而结束。这一法案的颁布推动了光伏下一个阶段的发展。

1.5 美国放弃可再生能源和能源独立政策

从 1980 到 2000 年是太阳能发展的第五个阶段。在这一阶段，美国政府的政策导向发生了变化，全力支持能源独立的热情逐渐消退，重心开始从能源独立外移。里根总统侧重于保护从中东到美国的石油供应安全，认为必要时可动用美国军队提供能源保护。这一政策导向导致太阳能光伏于 1980—2000 年期间在美国的发展非常缓慢。1986 年，里根总统移除了安装在白宫的太阳能电池板。表 1.5 列出了这一时期的部分代表性事件。

表 1.5 1980—2000 年：缓慢发展期

1981 年：美国和阿拉伯合作的 SOLERAS 计划资助首个利用菲涅尔透镜制造的 350 kW 聚光光伏系统。
1983 年：全球世界太阳能电池年产量超过 21.3 兆瓦，销售额超过 2.5 亿美元。
1985 年：澳大利亚新南威尔士大学国家光伏研究室研制的单晶硅太阳能电池效率达到 20%。
1986 年：里根总统移除白宫的太阳能电池板。
1990 年：L. Fraas、J. Gee、K. Emery 等人描述了效率为 35% 的 GaAs/GaSb 双芯片集成太阳能电池[20]。

续表

1991 年：乔治·H·W·布什总统推动美国能源部建立国家可再生能源实验室（其前身为太阳能研究所）。
1992 年：Kuryla、Fraas 和 Bigger 报道了用 GaAs/GaSb 电池组制成的效率为 25% 的聚光光伏组件[21]。
1993 年：建立国家可再生能源实验室太阳能研究室。
1994 年：国家可再生能源实验室研制出 GaInP/GaAs 两端集成电池（180 个太阳），是第一个整体式双结太阳能电池，转换效率超过 30%[19]。
1998 年：JX Crystals 公司生产出 MidnightSun™热光伏炉具[23]。

1991 年，美国能源部太阳能研究所（DOE SERI）改名为国家可再生能源实验室（NREL）。这两个研究机构将大部分研究基金投放到了非晶态薄膜太阳能电池研究领域，但并未取得实质性进展。这一时期，美国政府大部分资助基金都投向了光伏电池，拨发给国家再生资源实验室的款项也基本用于太空电池研发。InGaP/GaAs 双结叠层电池配备有 30% 效率聚光光伏（CPV）电池，原本是为太空航行目的研发的产品，逐渐开始应用于地面设备[19]。

1990 年，美国航空航天局和美国国防部（DOD）资助 Fraas 等人研制出了效率达 35% 的 GaAs/GaSb 叠层太阳能电池[20]。随后，波音（Boeing）赞助 Kuryla、Fraas 及 Bigger 等人研制出了 GaAs/GaSb 叠层太阳能电池回路的聚光光伏（CPV）组件，该组件在亚利桑那 STAR 测试厂的户外阳光测试得出的效率为 25%[21]。图 1.2 展示了一个用于光伏太空航行供电的类聚光光伏组件。1994 年，这一聚光光伏太阳能供电模块在太空中测试成功[22]。

图 1.2　波音公司利用 GaAs/GaSb 双结叠电池制成的太阳能光伏空间供电组件，1994 年被美国国家航空航天局用于太空任务[22]

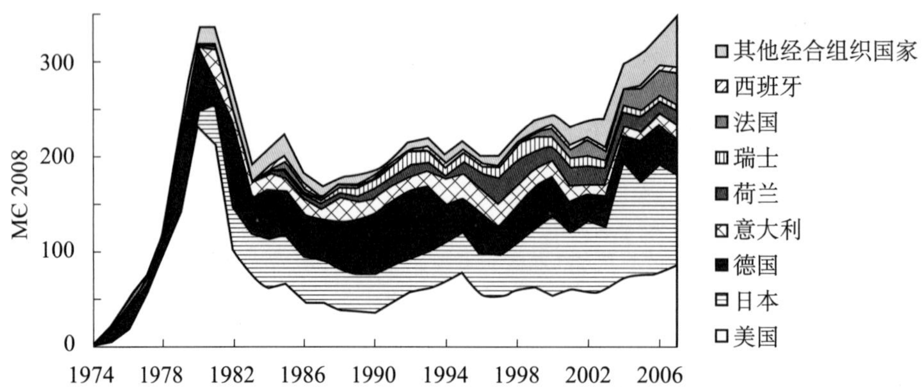

图 1.3　经济合作与发展组织（OECD）对光伏产业的支出曲线图（1974 年到 2008 年）[24]

注：1980 年，美国对光伏产业提供的研究资助经费急剧下降，日本和德国成为光伏研究的支持大国。美国的年度资助经费从 3 亿多欧元跌到 2 亿多欧元，2003 年前，年度资助经费始终未超过 3 亿欧元。

1998 年，Crystals 公司的 Fraas 等人利用国际资助开发了第一个热光伏设备，MidntghtSun™炉具[23]。GaSb 红外能电池被用在热光伏电池中，为热电联供设备提供电力，但同样面临着全天候供电的问题。第十一章对热光伏技术进行了详细介绍。

在这一时期，光伏研究资助的主要来源国从美国转移至了日本和德国[24]（见图 1.3）。

表 1.6　2000 年至今：国际支持和新的发展机遇

2000 年：德国颁布《可再生能源法》，确定了太阳能发电上网电价补贴政策[25]。
2001 年：中国成立尚德电力（Suntech）[26]。
2002 年：Amonix 和 Arizona 在 Prescott 的荒漠建立了一个 175 kW 的高倍聚光光伏电池系统。（见第七章）
2004 年：K. Araki 等人研制出了转换效率为 28% 的聚光光伏（CPV）组件[30]。
2004 年：SunPower 公司在菲律宾成立第一个亚洲分工厂 Fab 1，规模化生产效率为 20% 的 A－300 电池，在巴伐利亚建立第一个发电厂。（见第五章）
2006 年：多晶硅在光伏产业的应用首次超过了在其他行业的应用。
2006 年：L. Fraas 等人研制出了效率达 33% 的双聚焦高聚光型太阳能（HCPV）（见第七章）。
2006 年：太阳能电池创造了新的世界纪录——新的太阳能电池效率突破 40% 的光—电转换界限。（见第八章）
2007 年：太阳电力公司建立 Nellis 太阳能发电厂，产能为 15 MW PPA，采用了太阳能电力公司组件。
2010 年：奥巴马总统（Barack Obama）提议在白宫安装太阳能电池板和太阳能热水器[10]。
2011 年：中国制造业发展迅猛，使得硅光伏组件的生产成本降低到 1.25 美元/瓦特。全球产能

续表

翻倍[27]。 2011 年：Solyndra 公司投资的 CIGS 技术失败，公司宣告破产，严重滞缓了美国太阳能的发展。 2013 年：Amonix 通过高聚光型太阳能（HCPV）组件实现 35.9% 的效率。（见第七章） 2013 年：Fraas 提议在太阳同步轨道上安置反射镜，在早间和夜晚将阳光反射回地面的太阳能发电工厂。（见第十二章） 2013 年：全世界太阳能光伏设备装机容量累计超过 100 GW[27]。

1.6　国际支持和低成本批量生产

从 2000 年至今属于第六个阶段，也是最后一个阶段。这一阶段的特点是国际社会开始参与光伏电池的发展部署，其中美国仍在该领域研发中扮演重要角色。表 1.6 列出了这个时期的主要事件；德国、中国和日本在这个时期发挥了主导作用。德国发布的“可再生能源法案”[25]是这一时期开始的代表性事件，依据该法案推出了“太阳能上网电价补贴政策（FIT）”，从很大程度上缔造了欧洲的太阳能市场。尚德电力[26]于 2001 年在中国成立，开启了太阳能制造业发展的新阶段，同时享有政府补贴以及中国廉价的劳动力优势。全球太阳能光伏累计装机容量从 2002 年的 1 GW 上升到 2014 年初的 134 GW[27]。硅太阳能光伏电池如今已经成为主导电池。这种惊人的增长一直持续到了今天。见图 1.4。

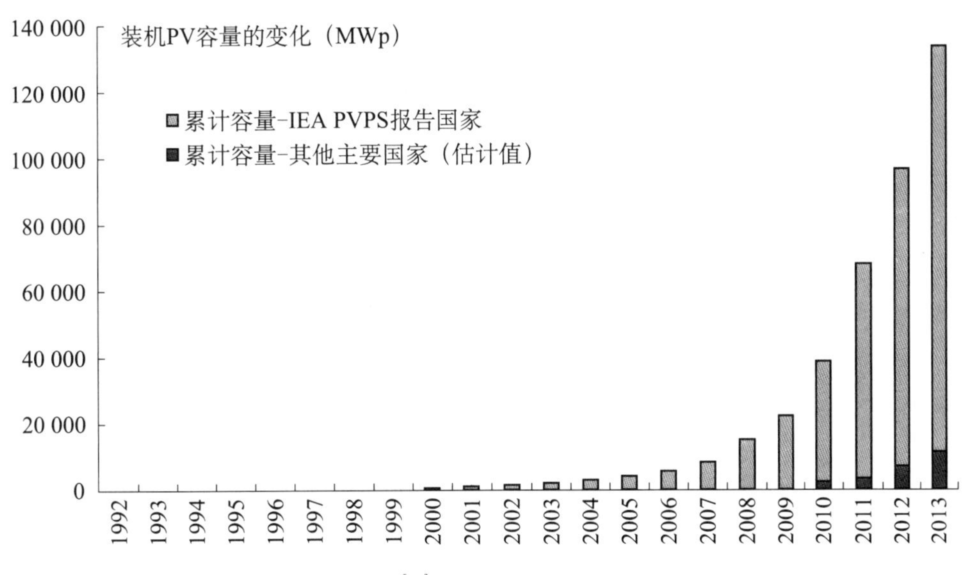

图 1.4　1992—2013 年[27]总 PV 装机容量的变化（单位：MW）

美国的 PURPA[18]和德国的 FIT[25]为行业发展创造了良好的市场条件；随着过

低成本太阳能发电

去几年的技术创新和中国政府在太阳能光伏制造业的投资增加，从而促进了太阳能光伏组件市场的发展（见图1.4），而这些组件和装机系统的价格却持续降低（见图1.5和1.6）。在德国和美国，组件和系统的价格持续地逐年下降。然而，我们要注意到，在2013年，德国的装机系统的价格要低于美国的装机系统价格：德国为2.35美元/W（欧元转换成美元），美国为4美元/W。我们将在第二章中对这种差价进行讨论。已装机系统的价格一直在下跌，因此仍然存在改进的空间，我们将在以后的章节对此加以探讨。图1.7是目前正在运行的大型太阳能光伏系统的图片。

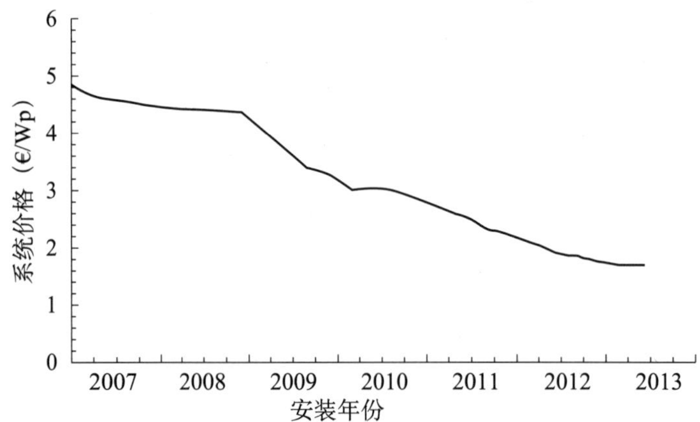

图1.5　德国[28]屋顶光伏系统平均最终用户价格（净价格），输出功率为10 kWp。数据来源（BSW）

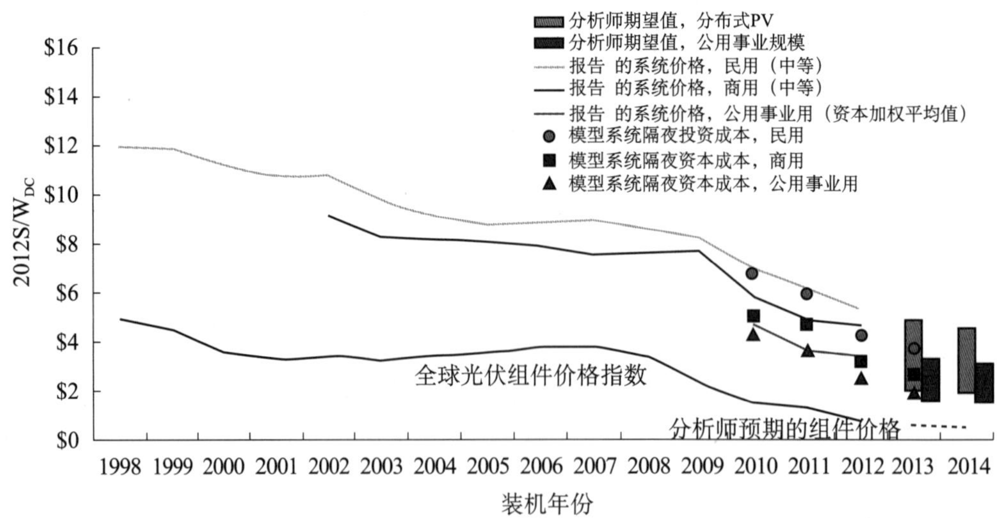

图1.6　报告的和分析师预计的美国平均光伏系统价格（从下往上）[29]

图 1.7　目前正在运行的大型太阳能光伏电场[27]

然而，表 1.6 同时也表现出新的机遇和一些误区。聚光光伏（CPV）的开发是一个机遇，这是因为光伏组件的效率较高。2004 年，日本人 K. Araki 研制出效率为 28% 的组件[30]（见图 1.8）。请注意它与图 1.2 中 CPV 组件的相似性。CPV 组件的效率持续提高，最新的组件效率达到 35.9%，我们将在第七章中进行详细讨论。显然，CPV 代表了未来的发展趋势，这个趋势很可能会降低太阳能电力成本。

然而，表 1.6 也呈现出了一些误区。比如，请注意 2011 年所经历的与 CIGS 薄膜技术有关的 Solyndra 灾难。经过了 50 年的发展，非晶薄膜组件的效率仍远低于 15%。以本作者的观点看来，把重点继续放在非晶薄膜太阳能 PV 组件上是不明智的。提高转换效率和将运行时间延长到超过地球表面传统光照时间一样，都是降低成本的关键。第十二章将介绍与来自空间的太阳能相关的理念。

本章概述了 PV 电池的发展历史，我们在后续章节还会讲更多的内容。

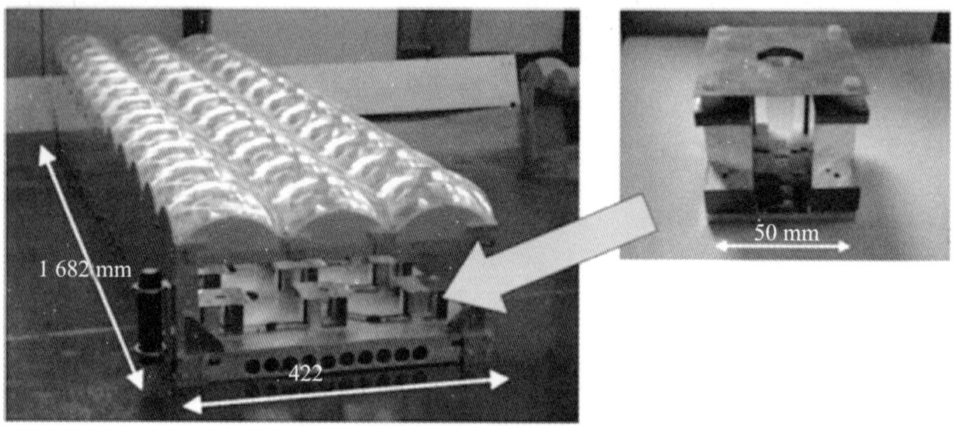

图 1.8　半球形佛涅耳透镜 28% 地面效率 200W CPV 组件[30]太阳光电（PV）

参考文献

[1] E. Becquerel. Mémoire sur les effets électriques produits sous l'influence des rayons solaires. Comptes Rendus 9, 561 – 567 (Issue date: 7 May 1935) (1839)

[2] http://en.wikipedia.org/wiki/Timeline_ of_ solar_ cells

[3] W. G. Adams, R. E. Day, The action of light on selenium. Proc R Soc A25, 113 (1877)

[4] A. Einstein, On the quantum theory of radiation. Physikalische Zeitschrift18 (1917)

[5] D. C. Brock, *Useless no more*, ed. by K. Gordon Teal, Germanium, and Single-Crystal Transistors. Chemical Heritage Newsmagazine (Chemical Heritage Foundation, Spring) vol. 24. no. 1. Accessed 21 Jan 2008 (2006)

[6] F. Bloch. Z. Phys52. 555 (1928)

[7] A. H. Wilson. Proc. Roy. Soc. A, 133. 458; 134, 277 (1931)

[8] D. M. Chapin, C. S. Fuller, G. L. Pearson. A new silicon p-n junction photocell for converting solar radiation into electrical power. J. Appl. Phys. 25 (5), 676 – 677 (1954). doi: 10.1063/1. 1721711

[9] G. L. Pearson, D. M. Chapin, C. S. Fuller, (AT&T) Receive patent US2780765, *Solar Energy Converting Apparatus* (1957)

[10] US Patent Office. http://en.wikipedia.org/wiki/Telslar

[11] http://en.wikipedia.org/wiki/1973_ oil_ crisis

[12] Z. I. Alferov, V. M. Andreev. M. B. Kagan, I. I. Protasov, V. G. Trofim, 'Solar-energy converters based on p-n AlxGa12xAs-GaAs heterojunclions. Fiz. Tekh. Polu-

provodn. 4, 2378 (Sov. Phys. Semicond. 4, 2047 (1971)) (1970)

[13] H. J. Hovel, J. M. Woodall, High efficiency AlGaAs-GaAs solar cells. Appl. Phys. Lett. 21, 379 -381 (1972)

[14] R. Loo. R. Knechtli, S. Kamath et al. , in *Electron and Proton Degradation in AlGaAs-GaAs Solar Cells.* 13th IEEE Photovoltaic Specialist Conference, vol. 562 (1978)

[15] L. M. Fraas. R. C. Knechtli, in *Design of High Efficiency Monolithic Stacked Multijunction Solar Cells.* 13th IEEE Photovoltaic Specialist Conference, vol. 886 (1978)

[16] D. E. Carlson. C. R. Wronski. Amorphous silicon solar cell. Appl. Phys. Lett. 28, 671 (1976)

[17] http://www. vintagecalculators. com/html/calculator_ time-line. html

[18] http://en. wikipedia. org/wiki/Public_ Utility_ Regulatory_ Policies_ Act

[19] Friedman D et al. , Prog. Photovolt. : Res. Appl. 3, 47 -50 (1995)

[20] F. Lewis, A. James, G. James, E. Keith et al. , *Over 35% Efficient GaAs/GaSb Stacked Concentrator Cell Assemblies for Terrestrial Applications.* 21st IEEE PV Specialist Conference, p. 190 (1990)

[21] http://ntrs. nasa. gov/archive/nasa/casi. ntrs. nasa. gov/19930018773. pdf

[22] http://www. ionbeamoptics. com/pdf/SSU_ 9 -17 -07. pdf

[23] F. Lewis, B. Ross, H. She, Y. Shi-Zhong. G. Sean, K. Jason, A. James, L. David, D. Bert, Commercial GaSb cell and circuit development for the Midnight Sun® TPV stove. AIP Conf. Proc. 460 (1), 480 - 487 (1999) . doi: 10. 1063/1. 57830

[24] http://www. qcells. com/uploads/tx_ abdownloads/files/17_ RESEARCH_ AND_ DEVELOPMENT_ Paper_ 02. pdf

[25] http://en. wikipedia. org/wiki/German_ Renewable_ Energy_ Act

[26] http://en. wikipedia. org/wiki/Suntech_ Power

[27] PVPS_ report_ -_ A_ Snapshot_ of_ Global_ PV_ -_ 1992 -2013_ -_ final_ 3. pdf. http://en. wikipedia. org/wiki/Agua_ Caliente_ Solar_ Project

[28] _ MAR_ 19_ Recent_ Facts_ about_ PV_ in_ Germany—Final. docx26. 03. 14

[29] https://haiti-now. org/wp-content/uploads/2013/08/Photovoltaic-System-Pricing-Trends-2013. pdf

[30] K. Araki et al. , A 28% Efficient, 400 X & 200 WP Concentrator..., www. physics. usyd. edu. au/app/solar/... /pdf/19thEUPV_ 5BV_ 2_ 20. pdf

第二章　太阳能光伏市场发展现状和对无污染太阳能的需求

第一章中提到了，现在美国安装太阳能光伏系统的价格已经跌到近 4 美元/瓦特。这对美分/千瓦时意味着什么？与其他发电方式的成本又如何比较呢？美国能源部（DOE）能源信息署（EIA）发布了 2017 年的预定目标，各发电形式的预计成本见表 2.1[1]。

表 2.1　2017 年不同燃料源发电的预计成本[1]

燃料类型	全系统的平均化成本范围（2010 美元/兆瓦特）		
	最低	平均	最高
传统煤	90.1	99.6	116.3
高效煤	103.9	112.2	126.1
碳捕集与封存高效碳	129.6	140.7	162.4
天然气			
常规联合循环发电	61.8	68.6	88.1
高效联合循环发电	58.9	65.5	83.3
碳捕集与封存联合循环	82.8	92.8	110.9
常规燃气轮机	94.6	132.0	164.1
高效燃气轮机	80.4	105.3	133.0
高效核能	108.4	112.7	120.1
地热	85.0	99.6	113.9
生物质燃料	101.5	120.2	142.8
风能	78.2	96.8	114.1
太阳能光伏	122.2	156.9	245.6
太阳能热电	182.7	251.0	400.7
水力发电[16]	57.8	88.9	147.6

O&M = 操作和维护，CC = 联合循环，CCS = 碳捕集和封存，PV = 光伏，GHG = 温室效应气体。

表中有一行关于碳捕集与封存的信息，由于这项技术尚不存在，因此这一项更倾向于烃类燃料。尽管如此，我们还要对太阳能光伏成本进行预测。成本价格范围应在 12.2 美分/千瓦时到 24.6 美分/千瓦时之间。安装一个光伏系统的成本价（美元/瓦）与均化发电成本（LCOE）的（美分/千瓦时）的关系是什么？以下有一个直观的方法将两者联系起来，但需要知道光伏系统的年发电量（kWh/m^2/年）及组件效率。下面是一个简单的运算。如果光伏组件的效率为20%，太阳能辐射量为1 kW/m^2，那么1千瓦的太阳能光伏需要5 m^2的组件面积。安装成本在4美元/瓦时，1 kW电量的成本是4000美元。图2.1为美国太阳能辐射量分布图。

从这张地图上可以看出加州大部分地区太阳能辐射量每年超过2000 kWh/m^2，也就是说如果光伏电价为10美分/千瓦时，那么1 kW的光伏安装量每年将获得的收入是200美元，20年可收回投资成本。然而，如果光伏电价为20美分/千瓦时，那么10年就可收回成本。不论是哪种情况，光伏组件都需要保证持续运行25年。

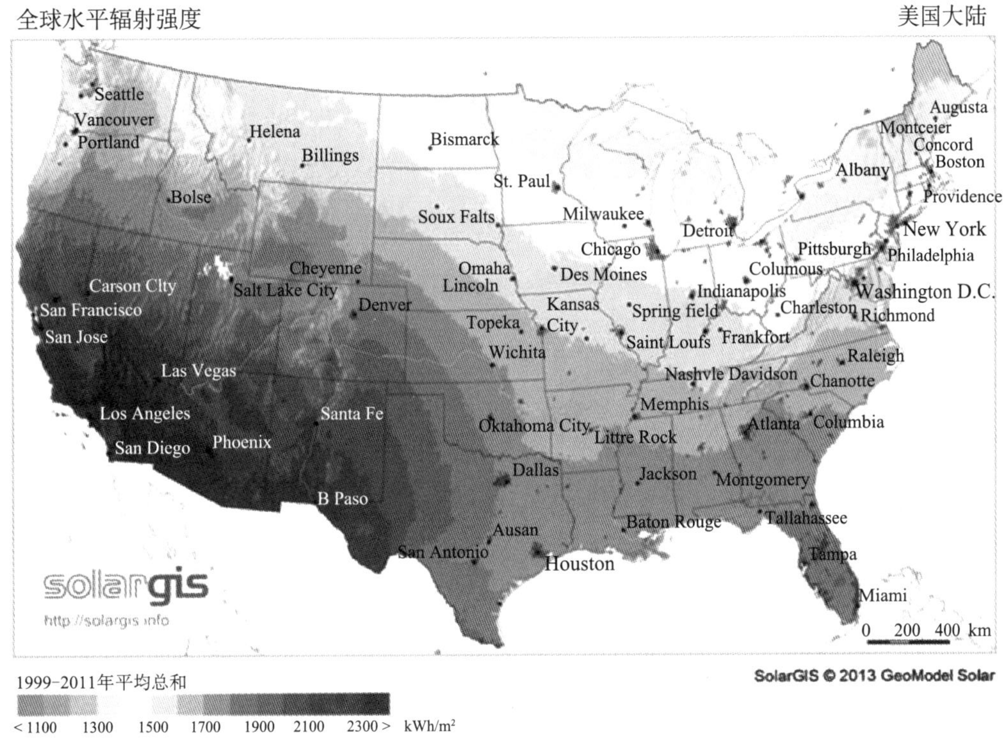

图2.1 美国太阳辐射分布图[2]

2.1　烃燃料时代

我们现在生活的时代能源主要来自烃类燃料。其中，石油的确在一定程度上改变了我们的生活，一桶石油的能量相当于接近25000小时的人力；如果每星期为40小时，则可以相当于12.5年的工时[3]。

烃类燃料包括石油、天然气和煤。其中，石油是我们生活中最常见的能源，我们的交通运输都依靠汽油，所以我们非常关注加油站的汽油价格。

2.2 石油峰值

石油已经彻底改变了我们的交通方式，可是石油经济上的可采储量是有限的。地质学家 M. King Hubbert 在 1956 年曾经预测美国的石油产量将在 20 世纪 70 年代初期达到峰值，然而行业内外几乎所有人都拒绝接受 Hubbert 的预测。争论一直持续到 1970 年，直至美国原油产量开始下跌，才证明 Hubbert 的预测是对的。1995 年左右，很多分析开始引用 Hubbert 的方法来预测石油产量，大多数分析结果都表明估计在 2004 到 2008 年间全球石油产量会达到峰值。这些分析结果都发表在一些权威杂志上[4]：《自然》（Nature），《科学》（Science）及《科学美国人》（Scientific American）。2008 年 7 月原油价格突破 147 美元/桶。随着美国经济大萧条的开始，原油价格开始下跌。虽然大萧条主要是由于次级抵押贷款违约造成的，但汽油价格的上涨也导致了一些房贷偿还的压力。而石油行业始终否认已经接近石油峰值。

图 2.2 为美国能源部能源情报局发布全球液态燃料供给的数据及预测。从图中可以看出全球液态燃料的供给量从 2008 年开始保持在 8300 万桶/天左右。大约从 2015 年开始[5]，常规能源产量开始逐渐下降。乐观的观点认为，未识别的能源可能可以填补供应与需求之间的发展差距。

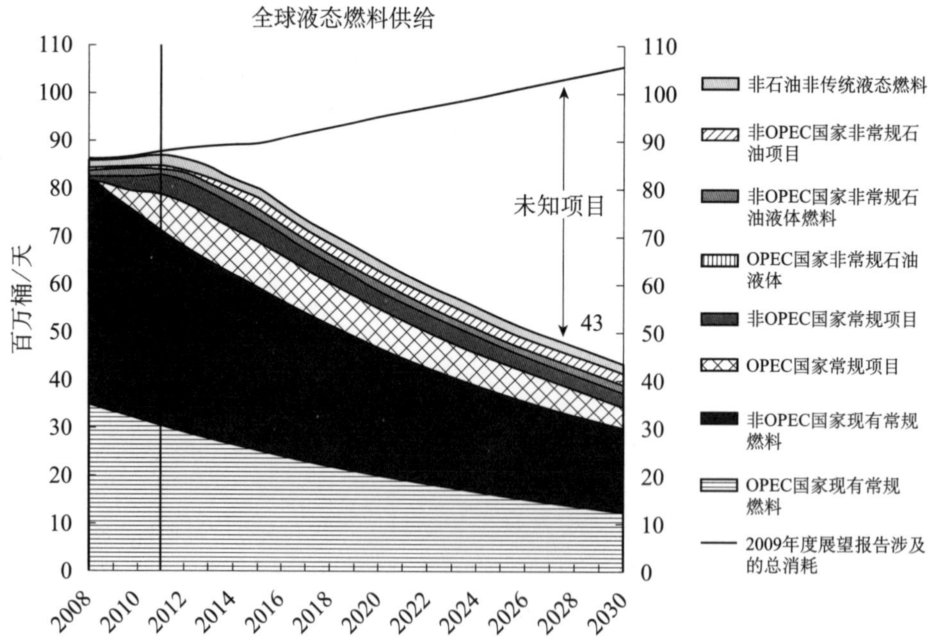

图 2.2 美国能源信息署对液态燃料供给的预测[5]

来源：美国能源信息署 2009 年年度展望报告（AEO）

很多人都质疑新的液态燃料是否能填补这一差距。比如说，Oliver Rech 在国际能源署负责石油问题时曾经说过“石油产量在2005年已经处于稳定状态，产量大约在82 mb/d（注：用生物燃料和液化煤，其产量大约是88 mb/d）。在我看来产量不会再增加了。由于需求仍在上升（除非经济危机席卷新兴经济体），我认为石油行业第一次紧张的局势会在2013到2015年期间出现。在我看来，在这之后我们将不得不面对2015到2020年间所有液体燃料产量下降的事实[6]。

那么，为什么石油峰值会与太阳能光伏有关？太阳能光伏是不会在短期内取代石油在运输上的应用的。然而，太阳能光伏在长远看来可以为电动汽车提供电力。这部分内容将在第九章有所介绍。

Jeremy Leggett 最近写了一本题为《国家能源》的书。在书里他讨论了主要职权部门和反对派之间正在进行的能源问题争论[3]。现任职权部门主要来自石油、天然气、煤炭、核能及金融部门，而反对派主要来自太阳能和可再生能源部门。他认为，目前资金主要流向现任职权部门，但液态燃料供给明显下降时，情形会有所转变，资金将开始流向太阳能和其他可再生能源领域。

2.3　全球变暖

同时，有利于可再生能源发展的另一个驱动力是全球变暖及气候改变的影响。这一现象发生得较为缓慢，再次被现任职权部门所否定。然而，大量证据表明气候正在发生变化。烃燃料燃烧在空气中产生的二氧化碳，产生温室效应，热辐射被大气吸收，从而慢慢地使地球平均温度缓慢升高。图2.3展示了二氧化碳含量逐年增加的证据[7]。

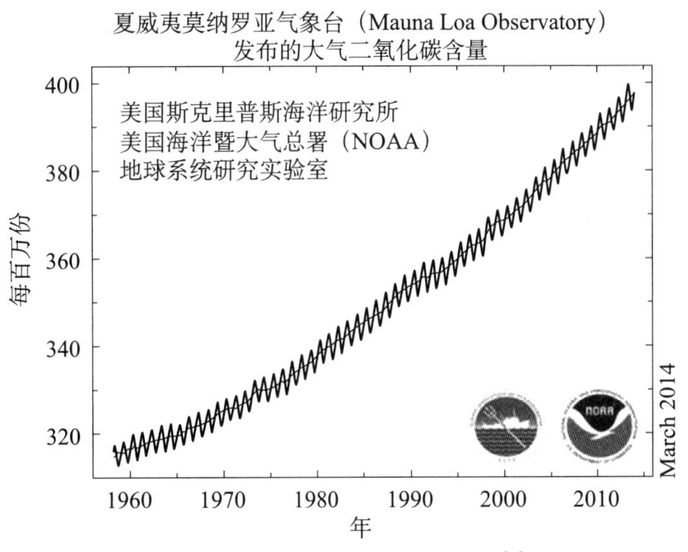

图2.3　测量的大气二氧化碳水平[7]

低成本太阳能发电

在美国和中国，发电的主要燃料都是煤，会产生粉尘颗粒和大量的二氧化碳。在2013年12月，烧煤产生的雾霾严重影响了北京和上海的能见度。图2.4的照片为上海典型的雾霾天气。

图2.4　2013年12月3日，于上海

尽管职权部门一直不肯承认，但大量证据均表明全球变暖的现象。如图2.5显示，北极海冰正在融化。

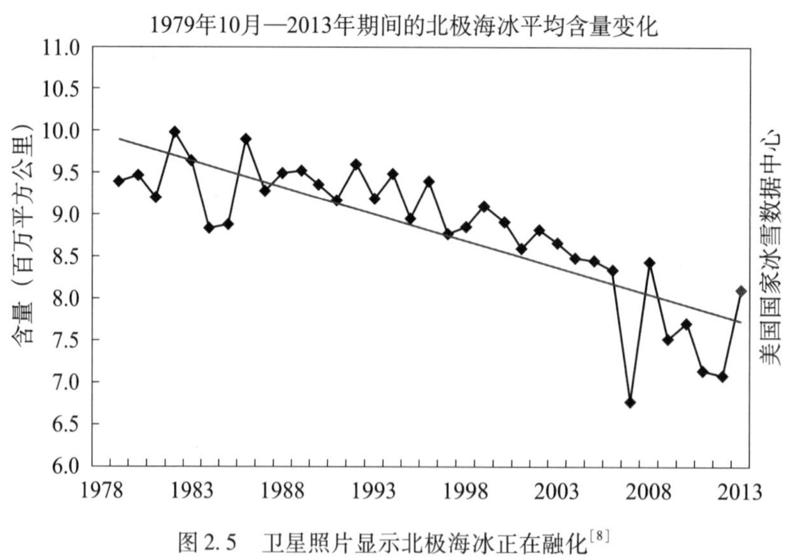

图2.5　卫星照片显示北极海冰正在融化[8]

我们对最近的天气事件也应当有所警醒。比如，2012年年底的桑迪飓风造成

620 亿的损失，并导致纽约地铁系统洪水泛滥。接着是 2013 的台风“海燕”（如图 2.6）造成 6000 人死亡，超过 1200 万人受到影响。当台风横扫菲律宾时，在当地留下了无尽的毁灭和绝望。

图 2.6　从国际空间站拍得的台风海燕[9]

因此，两个问题分别是在石油供应减少和全球变暖的情况下如何生存，答案明显是转向可再生能源。遗憾的是，在职部门仍然占主导地位。图 2.7 和 2.8 展示了如果继续像往常一样燃烧烃类燃料将会发生什么[10]。基于未来烃类燃烧总量与产生的二氧化碳造成的温室效应，进行了典型浓度路径（RCP）的模拟。比如，RCP-6 意味着二氧化碳造成的全球变暖将增加 6 W/cm^2。

最近，新闻媒体开始推广页岩气和天然气。现任职权部门声称，页岩气热潮将持续 100 年。不过也有一些批评的声音。Bill Powers 在他的著作《寒冷，饥饿和黑暗：打破天然气供应的神话》中提到，天然气供应量将在 2015 年或此后不久达到峰值[11]。不管怎么说，天然气仍然是所有烃类燃料中污染最小的，因此可能将在未来十年内与太阳能光伏作为互补能源。

2.4　有关太阳能的争论

24 年前，也就是 1989 年，我在波音公司的团队首次展示了效率为 35% 的太阳能电池。17 年后，我们才获得资助，将这种太阳能电池与光学组件合并在效率为 33% 的聚光光伏模块中。为什么花了这么长的时间？因为直到 2004 年，我开始写我的第一本著作《通往经济型太阳能发电的途径以及 35% 的高效率太阳能电池》时[12]，我才有机会提议为美国阿波罗计划实施太阳能发电。

低成本太阳能发电

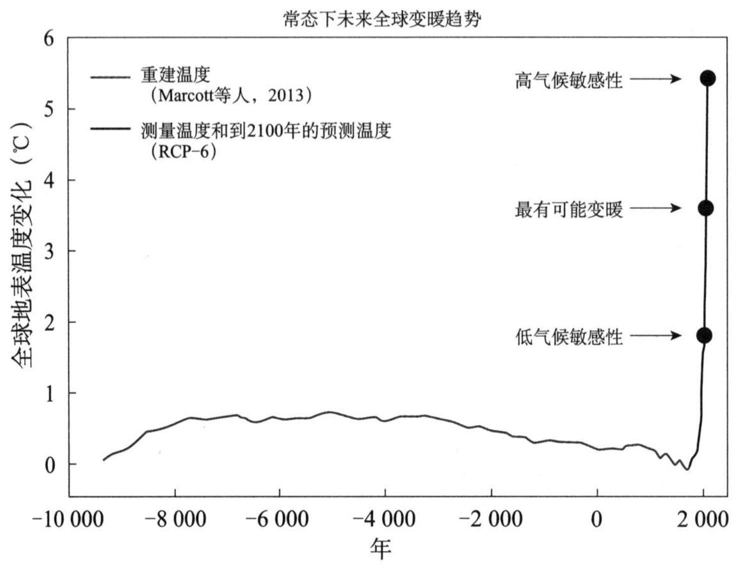

图 2.7　通过 RCP-6 预测的 2100 年全球地表温度变化。

注：典型浓度路径（RCPs），特定辐射强度在 3 W/m^2、4.5 W/m^2、6 W/m^2 加上比较大的 8.5 W/m^2（3 W/m^2 峰值比预期时间到来得早，然后于 2100 年降低到 2.6 W/m^2）。

当时，我提出一个问题："谁来将太阳能商业化？"我注意到并不是那些可以从美国军队护卫的中东国家得到低成本石油的美国石油公司，也可能不是那些具有发展武器系统特权的国防工业，同样也可能不是电力企业，因为他们都十分保守，可能不会对户主自行发电感兴趣。虽然我曾希望是小企业能带动太阳能商业化，但我发现，小企业在能源这个游戏里，不具备获得金融资源的途径。玩这个游戏往往需要有数亿到数十亿的资金。

我在 2004 年提出的呼吁并未得到美国政府的回应。原因在第一章的表 6 中已经提到过，主要是因为 2001 年之后对太阳能光伏的关注热潮从美国转移到了欧洲和中国。实际上，中国为推动硅光伏组件的发展投入了数十亿美元的资助。

我写这本书的主要目的是提出两个重要的声明：首先，太阳能一定可以在未来 10 年成为主流能源。第二，我希望美国政府能重新建立一系列的国家项目，支持替代能源的发展。光伏技术的创新仍然有机会降低成本，具体我将在本书第七到十二章介绍。

为什么我要做这样的声明？有以下三方面的原因。我的职业生涯体现了我的思

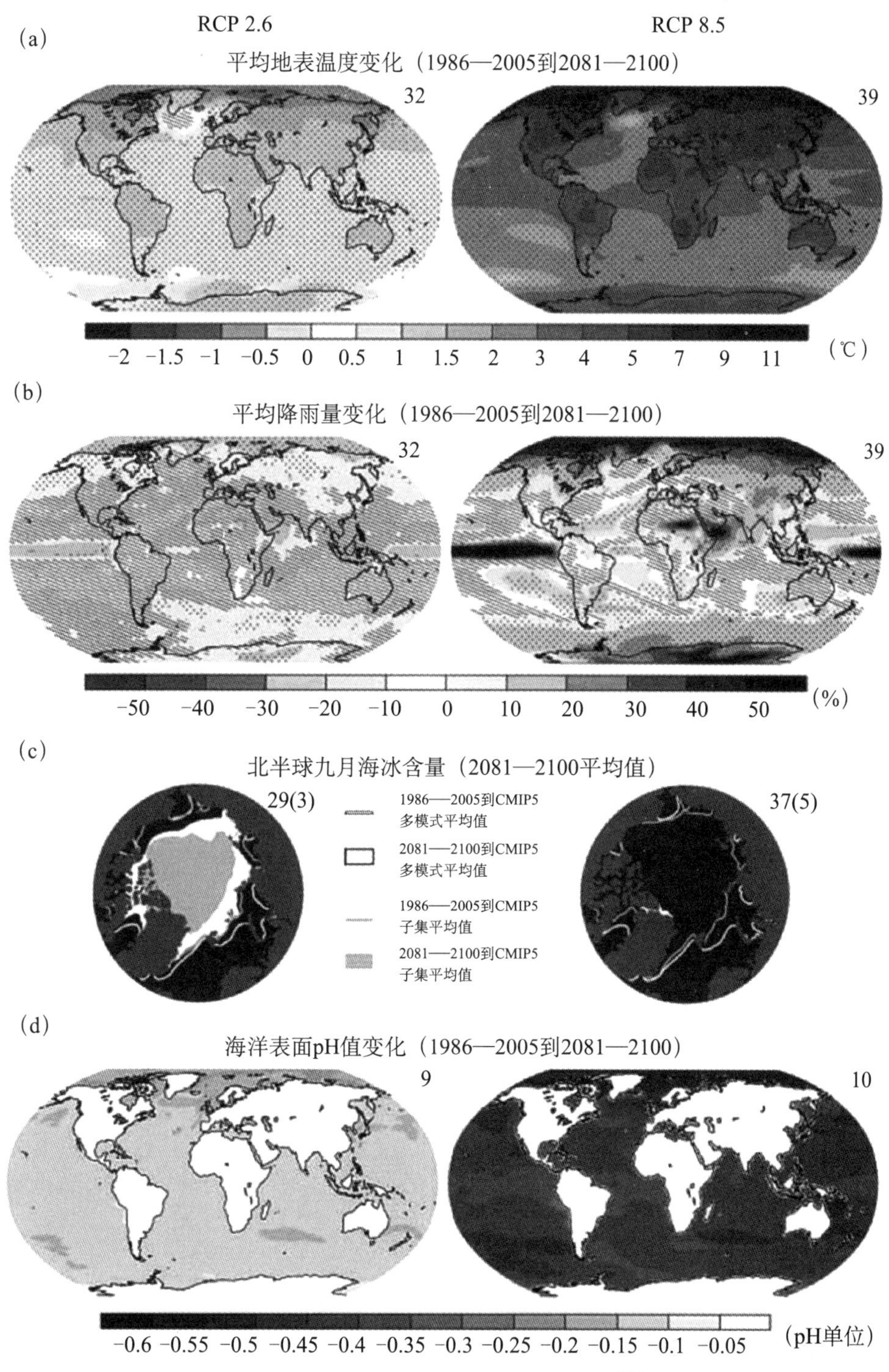

图 2.8　2000 年到 2100 年 RCP 2.5 和 RCP 8.5 的全球变化预测[10]。a 是平均地表温度变化（1986—2005 到 2081—2100），b 是平均降雨量变化（1986—2005 到 2081—2100），c 是北半球九月海冰含量（2081—2100 平均值），d 是海洋表面 pH 值变化（1986—2005 到 2081—2100）

想，因此，我首先要告诉你们一些有关我自己的事情。我是一个美国科学家，在过去的40年里我一直从事太阳能电池和其他半导体设备相关的工作。我曾经在主要国防承包商处从事过太空太阳能电池相关工作（1973—1978年在休斯，1986—1992年在波音），在大型石油公司从事过地面太阳能电池的相关工作（1978—1986年在雪佛龙）。在过去的20年里，我一直担任JX晶体公司的总裁，这是一家小型太阳能电池研究公司。

下面我将列举我之所以提倡更大的国家太阳能计划的理由。

2.4.1 原因1：太阳能发电成本较低

因为我整个职业生涯都在这个行业，我意识到我首先需要表明的是太阳能电池发电相对于其他发电源具有很高的成本价格竞争力。这是因为在阳光充裕的地方，商业太阳能电池发电成本大约是15美分/千瓦时，高效太阳能电池的效率已经被证实是现今商业电池的2倍。我在波音公司的团队在1989年展示的一个太阳能电池，经过美国国家航空航天局测定，其效率为32%。这个是在太空设备上的效率。随后证实，这些太阳能电池在地面设备上的效率为35%[13]。更高的电池效率将降低成本。除了效率的提升，还有一些可以降低成本的方法，玻璃或塑料透镜，或铝反射镜都可以用于高效太阳能电池收集阳光。这些收集材料比单晶半导体材料要便宜。也可通过跟踪太阳使得每千瓦装机量产生大于一千瓦时的电量，进而降低成本。实现大批量生产降低的成本，可以使太阳能发电成本降低10美分/千瓦时。但是，把这些电池整合到聚光光伏系统内，并进行大批量生产来降低成本需要非常大的投资。太阳能发电成本的问题，是一个相当复杂的问题，这将贯穿本书的始终。

2.4.2 原因2：油价和天然气价格上升

我的第二个原因是基于石油和天然气资源正在枯竭的事实。“全球石油短缺”导致的结果是，电价将有可能在未来5～10年内突然增长。再加上全球气候变暖可能推行碳税，到时候天气灾害的费用和增加的保险费用将最终加到烃类燃料燃烧的成本上。这会影响太阳能电力经济，因为半导体设备的太阳能组件将持续25年或更长的时间，而现在的太阳能成本竞争力的假设通常是以一个短期的回报以及能源价格不增长作为前提条件。

2.4.3 原因3：战争、大规模杀伤武器以及太阳能的道德论据

提到常规电力生产，人们会想到用石油、天然气、核能以及煤来作为燃料，职

权部门不会考虑太阳能发电。然而，这些常规燃料源都隐藏着意想不到的成本。

比如，核燃料需要配套加上核废料以及核武器的管理成本；然后核废料和核武器又需要再加上国土安全的成本，以及我们对大规模杀伤武器的恐惧；还有保证核材料不会落入恐怖分子手中的隐性成本。

另一个隐性成本的例子是，我们对中东石油输出的依赖使得我们不可避免地与中东恐怖分子存在联系。我们现在已经在中东有过两次战争以确保我们的石油供应。

我们再来看一下太阳能。长远来看，太阳能是发展的必然趋势。太阳能已经成为风能和水力之外的一个主要能源。一亿年前，太阳能通过光合作用产生我们现在用到的煤、石油和天然气。相比植物，太阳能电池能够更高效地将太阳光转换成有用的能量。最终，太阳能电池将惠及整个世界。

我的问题是，我在回看过去 30 年里美国的能源政策和政党的独立性时，我们的国家能源政策事实上一直在确保来自中东的石油供应，如果必要的话，还会加以军事干预。现在是时候转变政策了。

这就引出了有关太阳能的道德论据。石油和天然气资源正在枯竭是显而易见的事实。如果我们什么也不做，任凭这些资源越来越稀缺，未来我们将为了这些稀缺资源而发动战争。如果换个角度，我们决定投资太阳能，这样我们就可以减少或消除我们对外国石油供应的依赖。

我们可以在美国西部安装经济的自动化太阳能发电阵列。自动化是太阳能阵列最理想的方式，通过自动化可以实现高生产力。然后，我们甚至可以向中东或者其他发展中国家出口太阳能，以换取现金购买石油。但这种方案面临的问题是，生产自动化的太阳能阵列需要非常大的投资。

现在，我们是什么发展状况？自 1989 年以来的 35 年里，我已经看到大量的政府资金用于制造效率为 30% 的太阳能电池，主要用于间谍卫星的发电源。我也看到了同样的半导体材料用于大量的武器系统。作为一家小公司的总裁，我一直在寻求资金资助，将效率为 35% 的太阳能电池引入地面太阳能市场。然而，国家对于这种和平的应用并不感兴趣。

与此同时，我意识到太阳能在能源领域产生影响需要大量的投资，能源生意是一个数十亿美元的业务。这本书里概括介绍了使太阳能电力具有成本竞争力的途径，但是这需要政府的承诺和业界的合作，才能使太阳能发电成为美国的主流。这项投资并不是小企业可以承受的，但相比战争和恐怖主义的成本要小。

这里让我们先来看一下美国政府目前对于光伏或者太阳能电池发展的支持情况。

美国能源部（DOE）2014年给太阳能的预算是3.5亿美元，这些预算在大学、政府实验室以及整个美国太阳能行业之间分配，其中大部分资金流向大学和政府实验室。与此同时，中国政府在2013年投资21亿美元支持中国太阳能公司。中国的太阳能公司均采用美国研制的硅太阳能组件技术。现在，我们把这些成本纳入一个更大的范围。一个新的1 GW发电机成本大约是十亿美元；伊拉克和阿富汗战争的费用估计为4~6万亿美元左右；1940—1945年曼哈顿原子弹计划的资金支持为200亿美元；最后，从1996年到2004年，美国核武器事业成本为55千亿美元。

在未来20年内，太阳能发电是必然的发展趋势。太阳能发电产业起家于美国，但随着外国政府支持力度增大，现在已经在美国境外扩大。希望这本书可以唤起美国本土对太阳能产业的兴趣。

我希望看到美国政府为我们建立一个和平的未来。我们需要以我们的知识来做出明智的选择。我希望美国政府能被铭记百年，做出如把人类送上月球一样有建设性的事情，而不是成为制造原子弹来表达强大的军事力量，并对一切需求通过战争来获取的国家。

在这一点上，有些读者会反对我向政府请愿。事实上，这是一个很困难的问题，需要智慧以及认真执行。在这里我想说的是，伊拉克战争告诉我们，时间不多了。我想通过这本书表达的是，已经证实有技术可以实现适当成本的太阳能发电技术。但问题是将这些创新技术转化为商业上可行的技术体系，要对这些体系进行资格测试，进而再由小规模生产转入自动化大批量生产。如果没有政府的支持和协助，这些早期任务的大规模资金投入是私人企业无法负担的。在这方面，政府需要真正帮助小企业和投资者，而不是将资金支持分配给政府实验室和大学去开展突破性研究。

2.5 太阳能光伏电池及其市场

光伏电池有各种类型，光伏电池市场也呈现出多样性的态势。首先介绍地面硅太阳能电池板组件市场。硅太阳能电池板组件占整个地面太阳能电池市场份额的80%。第三章介绍了各类型的地面太阳能电池。第五章则详细介绍了晶硅太阳能电池及其相关技术。这一市场始于20世纪70年代的离网小木屋，后来随着20世纪80年代《公益事业管理政策法》的建立，光伏电池逐渐进入并网住宅区。数百个kW级的并网商业设施安装始于20世纪90年代。在2005年以后，公共设施部门开始安装10~100 MW级别的系统。

现今的地面太阳能市场可分为三块：住宅用的光伏系统，规模一般低于10 kW；

商用系统，一般在 100 kW 到 2 MW 之间；公用系统规模则超过 2 ~ 500 MW。未来系统规模超过 1 GW 甚至更大规模的光伏系统有望在光伏市场上出现。

图 2.9 总结了截至 2013 年底，地面太阳能光伏市场的发展情况。从图中可以看出，累计太阳能光伏安装电力达到 134 GW。然而，美国仅占累计总数的 13% 或者 10%[14]。Leggett 在其书中的观点是，出现这一情况主要是因为美国的政策受主要职权部门的掌控。然而，有迹象表明这种状况正在逐步发生转变。2013 年，全球总的新增光伏装机容量创下 35 GW 的新高，其中 5 GW 是美国新增的装机容量。美国所占比例也增加到了 14%。中国在 2013 年的装机容量达到 12 GW[15]。

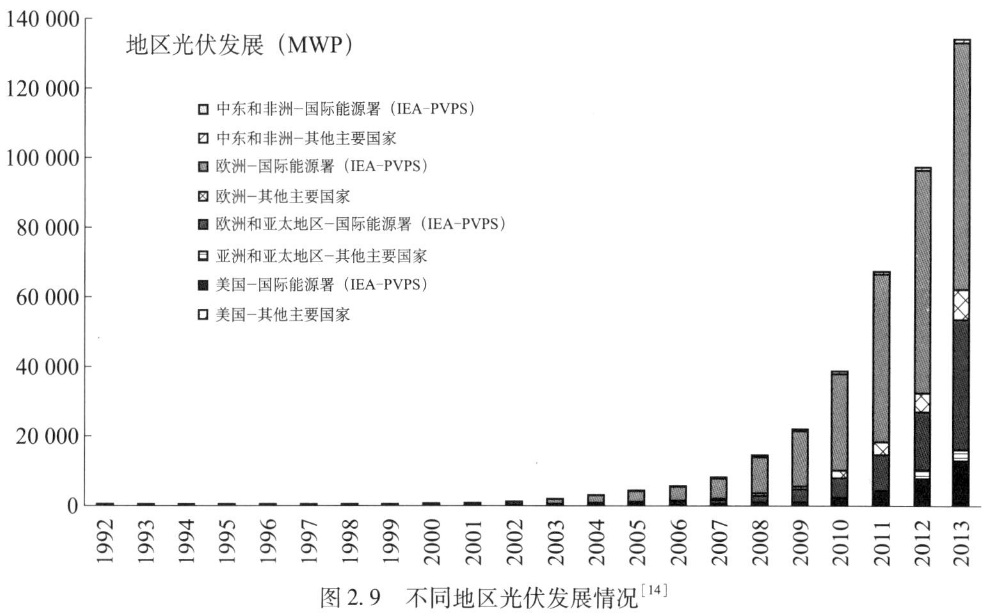

图 2.9　不同地区光伏发展情况[14]

2.6　太阳能光伏经济

太阳能行业通常以美元/瓦特为单位计算太阳能组件的成本。1 瓦特是一个功率单位。然而，现在的计量单位更多采用安装一个发电系统所需的单位功率成本（以美元/瓦特为单位），而不仅仅是一个单独的组件成本。更重要的是计算美分/千瓦时的平准化发电成本（LCOE）。1 千瓦时是一个发电能力计量单位。电力科学研究院（EPRI）提出了一个用于计算太阳能发电的均化发电成本（LCOE）的重要公式[16]。公式见图 2.10，同时图中也列出了计算均化发电成本（LCOE）所需输入的 9 个变量。这个公式比文章开头介绍的简单定性例子更为准确。图 2.10 中列出的 9 个变量具有重要意义，强调了不同群体的纵向一体化与合作的必要性，从而将太阳能发电的价格降低到美分/千瓦时。

低成本太阳能发电

平准化发电成本

$$L=(1+r)(C_m+C_b)F_s/\eta_s Sh_a+(1+r)C_iF_i/h_a+O\&M$$

9个关键变量:

1. η_s = 光伏系统转化效率
2. C_m = 光伏组件成本(美元/m^2)
3. C_b = 平衡系统单位面积的成本(包括安装)(美元/m^2)
4. S = 站点特定的太阳能强度(kW/m^2)
5. h_a = 光伏系统每年工作时长(持续跟踪)
6. C_i = 变频器成本(美元/kW)
7. F = 固定费率(初始投资转化成年化率)
8. r = 间接费率(许可, NRE)
9. 定期保养

图2.10 电力科学研究院(EPRI)提出的计算归一化发电成本的方程[16]

比如,强调组件的低成本就与LCOE公式中C_m值相关。由于多个部件需要安装,使得组件安装效率低,这种情况下的技术支持、现场接线及安装的成本也会更高。公式中的C_b代表这一项。S代表阳光辐照强度,所在地区阳光充足是必要的。h_a代表通过跟踪模块追踪阳光,增加的每年发电工作时长。C_i代表通过增加每年发电时长降低变频器成本的影响。另外,还需要注意的是硬件和安装并不是唯一的成本。所有项目都必须有银行提供资金资助,公式中F代表金融。同样还需要政府的许可,这一项会造成延误导致的成本,这也是项目具体开销的一部分;r代表这项。最后,系统还需要进行定期保养。

图2.11根据美国能源部研究提供了太阳能发电系统成本(美元/W)信息[17]。参考图2.10中的公式,研究结果如下:

$$(1+r)(C_m+C_b+C_i)F$$

公式中r和F分别代表许可和金融,从图中可以看出,系统成本由于许可和金融的费用,相对于硬件成本翻了一番。有人或许会把这些费用归于软成本,或者是Leggett提到的职权部门强加的一些处罚。

在德国,与软成本相关的处罚明显低于其他国家。

安装光伏系统的成本已经在稳步下降。从2008年开始,随着新产能的建成,光伏系统出现供应激增的现象。从2008年到2012年,组件价格下跌导致整套系统的成本下降了80%。非模块的硬件成本也略有下跌,其中包括市场营销、客户发展、设计、安装、许可及检查等“软成本”,但是并没有像组件成本一样迅速下跌。

然而组件价格下跌主要是由于全球市场因素造成的,尤其是中国供应商的快速增长,以及确保欧洲需求的上网电价(FIT)激励所带来的软成本的降低等,这些

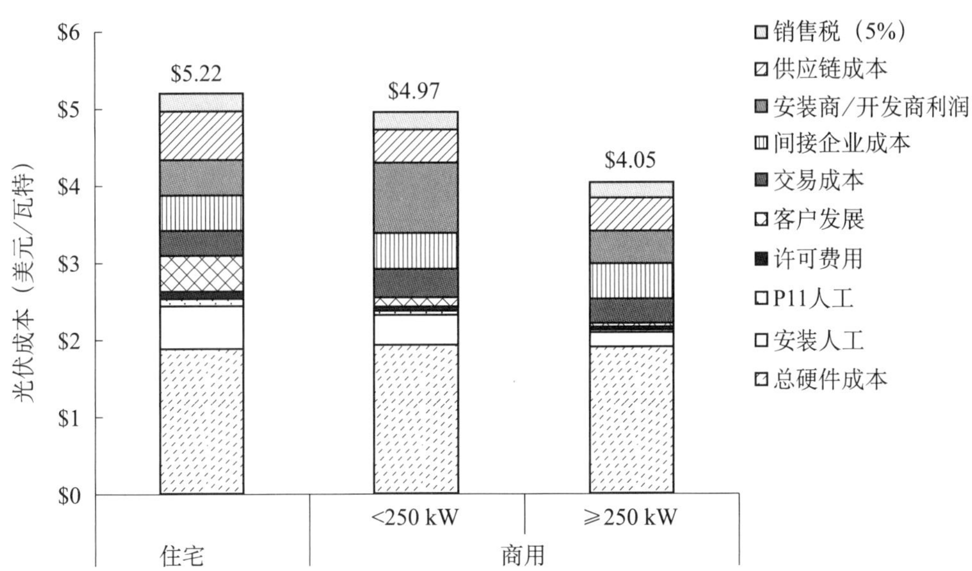

图 2. 11　美国各部门不同规模光伏系统价格总额（2012 年上半年）。光伏发展前景[17]

将会促使公共政策消除市场壁垒，加速资源有效配置。

在 2012 年，在德国，意大利和澳大利亚安装小型家用光伏系统的成本要比在美国低得多，主要的原因是软成本。除销售税或增值税外，德国安装系统的平均费用（2. 6 美元/瓦特）仅为美国的一半（5. 2 美元/瓦特）。家用系统的装机容量必然也随着价格的下跌而增加。1998 年，系统装机容量平均为 2. 4 kW，到了 2012 年，已经增长到 5. 2 kW。

系统规模越大，其成本差异也就越大。2012 年，德国公用事业的系统成本为 1. 9 美元/瓦特，然而在美国的成本是 4. 5 美元/瓦特。

如何依靠持续降低成本和大幅降低软成本来维持美国光伏产业的增长？美国劳伦斯国家实验室（LBNL）发布一份报告[18]显示，德国的住宅光伏软成本仅仅是美国的 19%。这是为什么？

首先，在德国开发一个客户的成本大约是美国的十分之一。这主要是由于德国实行新能源补贴政策（FIT），而美国没有。

第二，德国的许可、联网和检查成本约为美国的十分之一。其中一部分原因是在德国消耗的时间成本比较低：在德国安装一套系统需要 5. 2 个小时，而在美国则需要 22. 6 个小时。在美国，需要耗费大量的劳动力来办理建筑和规划部门的一系列许可，而且每个小镇和县的规定还各有不同。降低这些成本的最好办法是，在全国范围内规范光伏系统建设和规划的要求，简化许可办理程序。地方政府应遵循加利福尼亚兰开斯特的例子，该市市长 Rex Parris 指示市政工作人员清除针对光伏系统建设和规划审批过程中的障碍，鼓励光伏设备的发展。兰开斯特的承包商仅需要 15 分钟，花费 61 美元就可获得安装住宅用太阳能系统的许可。

第三，削减安装设备的人工成本至关重要。在美国，安装一套设备的时间几乎是德国的 2 倍，部分原因是在德国很少需要安装屋顶穿透系统，而美国的建筑法规往往要求安装该系统。美国的线路规范也应统一规范化，减少应对司法部门和不必要要求的时间，进而减少安装的时间。

第四，免除国家对太阳能光伏系统的州销售税。2011 年的全美国平均销售税额约为 0. 21 美元/瓦特，然而德国不对家用太阳能系统征收消费税或者增值税。

最后，美国的太阳能光伏市场应开放安装劳动力竞争。客户（尤其是免税客户）均需按要求使用工会安排的人员，或者是只能使用具备许可的承包商进行安装。安装规范的自由化会进一步推动价格降低。

美国太阳能产业需要决策者、监管者、法规制定者（电气、建筑及规划等）的共同努力，加强和保持其增长势头。

2.7 光伏技术发展的未来前景

如图 2. 9 所示，全球太阳能光伏的应用增长迅速。2013 年，太阳能光伏的占有率相比 2012 年增长了 35%。目前，太阳能光伏主要是由平面硅光伏组件组成。然而，本书中也介绍了近期出现的一些令人兴奋的光伏发展情况。

第七章介绍了一种利用透镜技术的高效太阳能电池，或称为聚光光伏（CPV）。这项新技术刚刚面市，每年呈现出成倍增加趋势。这项技术已经具备较好的市场竞争力，但其价格有望进一步降低。在圣地亚哥地区有一个工厂专门生产这种太阳能电池，该地正在规划建立一个产能 300 MW 的太阳能发电厂。

然而，太阳能光伏存在的一个问题是只有白天有日照时才能发挥作用。不过，第十一章介绍了其他非太阳能光伏，其中可以用人造热源产生红外辐射，而红外敏感性光伏电池可用于全天候发电。小型家用炉可以利用热光伏或者聚光光伏产生热量和电能。因此，太阳能光伏电池可以安置在家里的屋顶上，用于白天发电，而家用炉里的红外光伏电池可用来晚上供电和供热，也可以在寒冷的冬天供热。聚光光伏还可以用于将工业废热转换为电能，用于钢铁厂等场所。

最后，我希望作为卫星电源的太阳能电池能够每天 24 小时发电，具体见第十二章。一种比较经济的方案是在太空中较低位置的地球—太阳同步轨道上安置镜面装置，将阳光传输回世界各地的 GW 级太阳能电场。虽然这个理念并不能实现全天 24 小时太阳能供应，但可以通过延长 GW 级太阳能电场的日照时间，将太阳能发电的成本降低到 6 美分/千瓦时以下。

参考文献

[1] Energy Information Administration, Annual energy outlook 2012. June 2012, DOE/EIA-0383 (2012)

[2] SolarGIS: Free solar radiation maps download page—GHI *solargis. info/doc/*71

[3] Jeremy Leggett Energy of Nations

[4] Hubbert's Peak, The Peak https://www. princeton. edu/bubbert/the-peak. html Princeton University

[5] http://www. postpeakliving. com/peak-oil-primer

[6] http://www. theoildrum. com/node/8797

[7] http://thinkprogress. org/climate/2014/04/09/3424704/carbon-dioxide-highest-level/

[8] Late summer Arctic sea ice extent has decreased substantially since the satellite data record began in 1979, and has been particularly low over the past seven summers. Credit: National Snow and Ice Data Center

[9] Sheena McKenzie, for CNN, and Fionnuala Sweeney, CNN "Astronaut Karen Nyberg captures Typhoon Haiyan from space" updated 6: 00 AM EST, Fri 22 November 2013

[10] http://futuristablog. com/scientists-prediction-climate-change-business-usual-versus-alternative-futures/

[11] Bill Powers, Cold, Hungry and in the Dark: Exploding the Natural Gas Supply Myth (2013)

[12] L. Fraas, Path to Affordable Solar Electric Power and The 35 % Efficient Solar Cell, JX Crystals (2004)

[13] L. Fraas. J. Avery, J. Gee, K. Emery et. al. , in *Over 35% Efficient GaAs/GaSb Stacked Concentrator Cell Assemblies for Terrestrial Applications*, 21st IEEE PV Specialist Conference, p. 190 (1990)

[14] PVPS_ report_ -_ A_ Snapshot_ of_ Global_ PV_ -_ 1992 - 2013_ -_ final_ 3. pdf

[15] http://about.bnef.com/press-releases/chinas-12gw-solar-market-outstripped-all-expectations-in-2013/

[16] L. Fraas, L. Partain (eds.), in *Solar Cells and Their Applications*, 2nd edn. (Wiley, New Jersey, 2010)

[17] Benchmarking Non-Hardware Balance-of-System (Soft) Costs for U. S. Photovoltaic Systems, Using a Bottom-Up Approach and Installer Survey, 2nd edn. NREL/TP-6A20-60412 Oct 2013

[18] http://emp.lbl.gov/sites/all/files/german-us-pv-price-ppt.pdf

第三章　光伏电池的种类

可以根据应用、电池材料和结构以及系统应用环境内的成本，对光伏电池进行分类。光伏电池的三大应用领域是地面太阳能、空间太阳能和非太阳能。比如，热光伏系统（TPV）夜间会利用人造红外能源发电。三大可替换电池结构为晶体硅电池（单晶硅或多晶硅）、微晶或非晶硅薄膜电池（CdTe、CIGS 和 a-Si）以及超高效率高功率密度电池（InGaP/GaInAs/Ge 多结电池及 GaSb 红外能电池）。电池和组件成本在很大程度上取决于生产规模，从系统层面上来看，电池转换效率至关重要。如今，硅电池在地面太阳能住宅应用领域占据着主导地位。而薄膜电池则由于非晶本质属性造成的内在效率限制，在与硅电池的市场份额争夺战中节节败退。如今，多结太阳电池的转化效率超过了 40%，但是这种电池必须要接入更为复杂的聚光光伏系统（CPV）方能使用。在为位于阳光充足位置的 100 MW 公用设备系统实现低成本太阳能供电方面，聚光光伏系统具有良好的前景。红外敏化热光伏系统电池可用于住宅用炉的热电联供，通过把电池组件安装在住宅楼屋顶，可以在夜间和寒冷天气下使用。

3.1　前　言

1839 年，Edmond Becquerel 发现了光伏（PV）效应。他发现把两片铜片浸入溶液，受到太阳照射时会产生持续电流。现在我们知道他其实是做出了铜—氧化亚铜薄膜太阳电池。在 19 世纪 70 年代后期，Willoughby Smith、W. G. Adams 及 R. E. Day 发现了硒的光伏效应[1]。但是，无论是薄膜氧化亚铜电池，还是非晶硒太阳电池，电池的转化效率都不足 1%。

大约在 75 年后，量子力学的问世让人们不仅确认了单晶半导体的重要性，而且还清楚了 PN 结的工作原理[2]。1954 年，贝尔实验室的 Chapin 等人发明并制作出了转换效率达到 6% 的单晶硅太阳电池[3]。在此后的几年间，研究人员成功将硅太阳电池的转换效率提升到了 15%。这一成功来得刚刚好，因为人造地球卫星于 1957 年发射升空，而轻量远程低维护太阳电池则成了绝佳的供电装置。如今，如图 3.1 所示，硅太阳电池正广泛用于空间站供电领域。

图 3.1　国际空间站 84～120kW 硅太阳电池阵列发电站

太阳能电池一直属于小型行业，直到 1973 年阿拉伯国家石油禁运，爆发了第一次石油危机，太阳能电池行业才站稳脚跟，实现了太阳能电池和阵列的低水平生产，性能虽低但相对稳定。在头二十年间，稳定性是关注的焦点，而成本在当时并不重要。但是在 1973 年以后，平板硅电池组件进入大众视野，并且在耐候性能方面得到了改进。

同样是在 1973 年以后，为了实现为全球电力需求做出重大贡献的梦想，如何降低成本成了美国的研究热点。当时主要有三种观点。第一种观点认为为太空事业研发的单晶硅电池通过巧妙的制造工艺创新和规模经济，能够实现低成本。第二种观点认为单晶硅电池就像宝石一样，过于昂贵，因此，我们需要非晶薄膜电池。鉴于这种情况，美国大力研究了碲化镉（CdTe）、铜铟镓硒（CIGS）和非晶硅（a-Si）薄膜太阳能电池。第三种观点认为高效转化的实现需要单晶电池，而且我们可以借助低成本光学透镜或镜片实现低成本的大面积太阳能采集功能。而这不仅为我们带来了砷化镓/锑化镓（GaAs/GaSb）机械叠层电池等转化效率高达 35% 的双结单晶电池，还带来了转化效率高达 40% 的三结镓铟磷化物/镓铟砷化物/锗（GaInP/In-GaAs/Ge）单片电池。

而在四十年后的2013年，物理定律和批量生产为我们提供了一些非常值得关注的答案。正如图3.2所示，批量生产确实已经发挥了重要作用，而硅组件凭借每瓦不到一美元的组件价格优势仍占据着地面领域的主导地位[4]。值得注意的是，截止到2012年，硅组件产量在总装机光伏容量中的比重已高达87%。2013年，全球装机光伏累计生产量达到了100 GW。

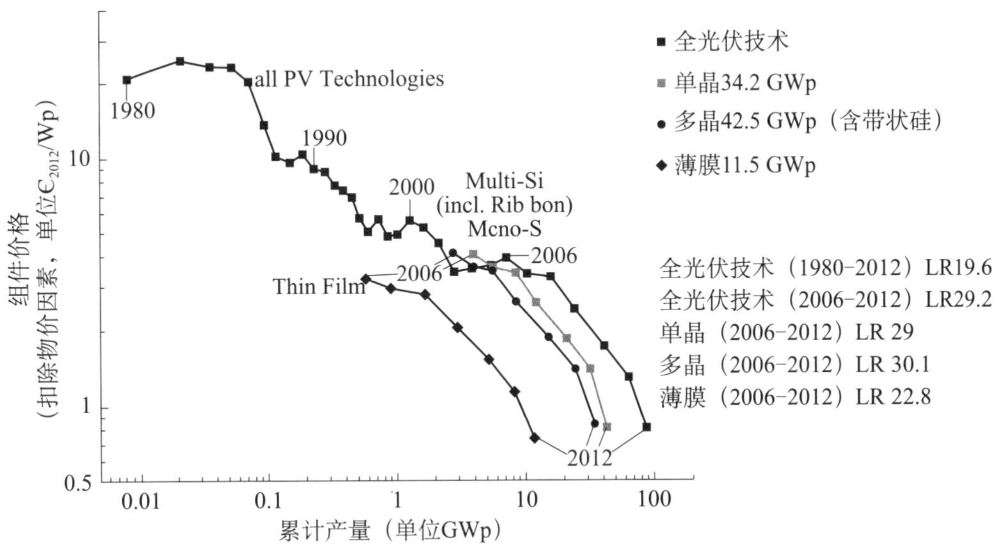

图3.2　光伏技术价格学习曲线：直至2012年的累计产量

其中，有一个典型的硅组件装机项目位于中国上海附近，见图3.3。

图3.3　JX Crystals公司设计的在中国运行的300 kW硅组件太阳能系统

3.2　太阳能电池和组件的种类

目前主要有三种地面太阳能电池及辅助组件。如今，平面晶体硅组件在市场上占据着主导地位。该类电池的结构见图3.4。

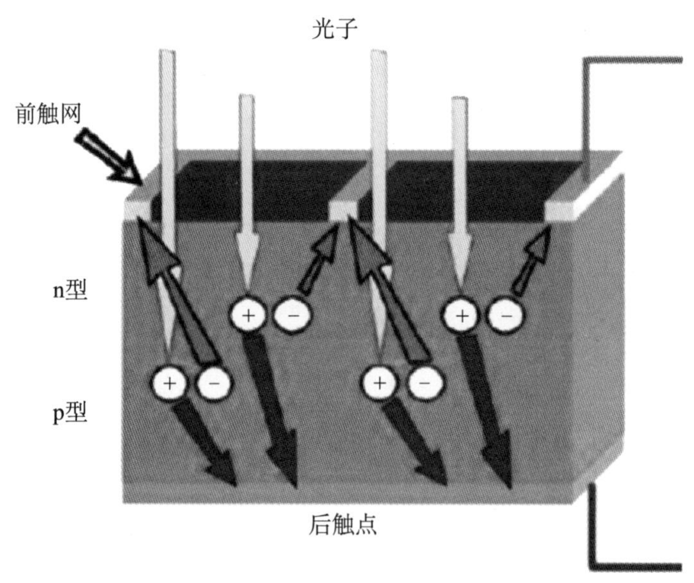

图3.4　上覆金属网的N/P结太阳能电池

从图3.5可知，晶硅光伏组件的制备组装过程是从单晶锭的生长开始的。该晶锭随后被切成晶片，通过扩散过程制备形成了电池。单个电池后来又被连接和封装，从而形成了组件。

如今，晶硅组件的制备通常借助自动化设备完成。

第二种太阳能电池组件是薄膜组件。表面上看，这种想法似乎非常有吸引力。因为单晶材料比较昂贵，为何不用相对便宜的薄膜材料代替呢？这让我们想到了涂料，虽然涂料很便宜，但可惜的是涂料并不能发电。这种方法的问题在于，破坏结晶度的同时，组件的性能也遭到了破坏，转化效率大打折扣。我们可以使用碲化镉、铜铟镓硒（$CuInGaSe_2$）（CIGS）或非晶硅制成薄膜组件。薄膜组件制备的可用工艺非常之多，但这些工艺通常以卷对卷制成工艺为基础。CIGS电池制备的图解流程示例见图3.6。

晶体硅和薄膜平面组件共同面临的难题是，我们想要用同一个组件同时实现低成本和高效要求。还有另一种方法：使用聚集的太阳能，也就是所谓的聚光器光伏或聚光光伏。这一方法将低成本和高性能这两个要求分担给了两个不同的组成部分。

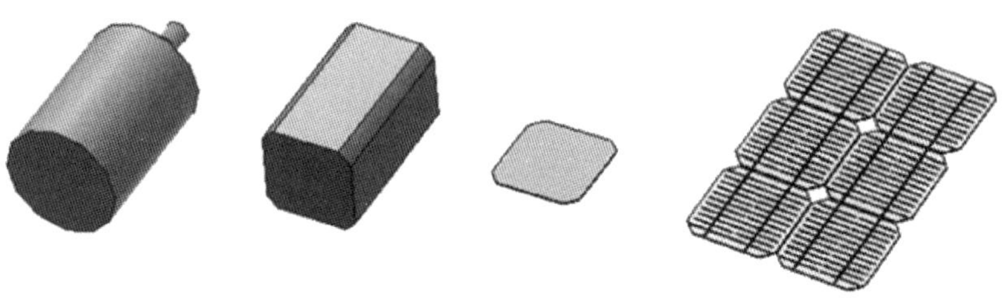

图 3.5　标准单晶硅组件组装流程：晶体——晶锭——晶片——组件

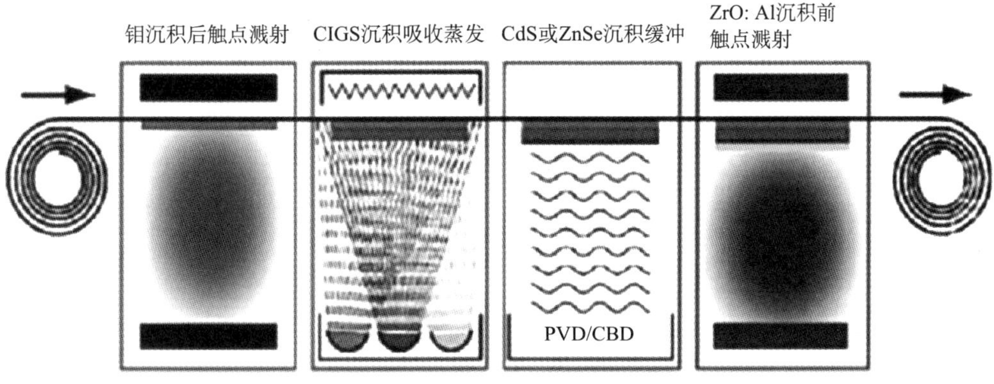

图 3.6　CIGS 电池简化制备原理图

注：其实需要四个元素，但图中只显示了三个蒸发源。Cheung—Berkeley http://www.inst.eecs.berkeley.edu/~ee143/fa10/lectures/Lec_26.pdf

仅使用少量单晶电池便能实现高效转化，同时我们能用镜片或透镜把太阳聚集到电池中。铝制镜片（或玻璃或塑料透镜）相对更便宜。高效多结太阳能电池是第三种地面太阳能电池的代表。本章稍后还将对这种电池进行详细讨论。

显而易见，批量生产和组件转化效率都是未来在系统层次降低成本的重要驱动因素。为此，本章内容分成了两部分，首先讨论了目前实现大批量生产的电池的方法（第 3.3 节），然后讨论了未来高效电池融入系统以及聚光光伏系统进入大批量生产的前景（第 3.4 节）。

3.3　实现大批量生产的电池

图 3.7 对现阶段生产过程中用到的各种不同电池技术进行了转化效率比较[4]。图中列出了电池和组件的最佳实验室效率。值得注意的是，目前有两种晶体硅技术，两者分别称为单晶硅技术和多晶硅技术（见图）；而且，其中的单晶硅电池和组件效率是图中所示所有种类的电池技术实现的最高效率。

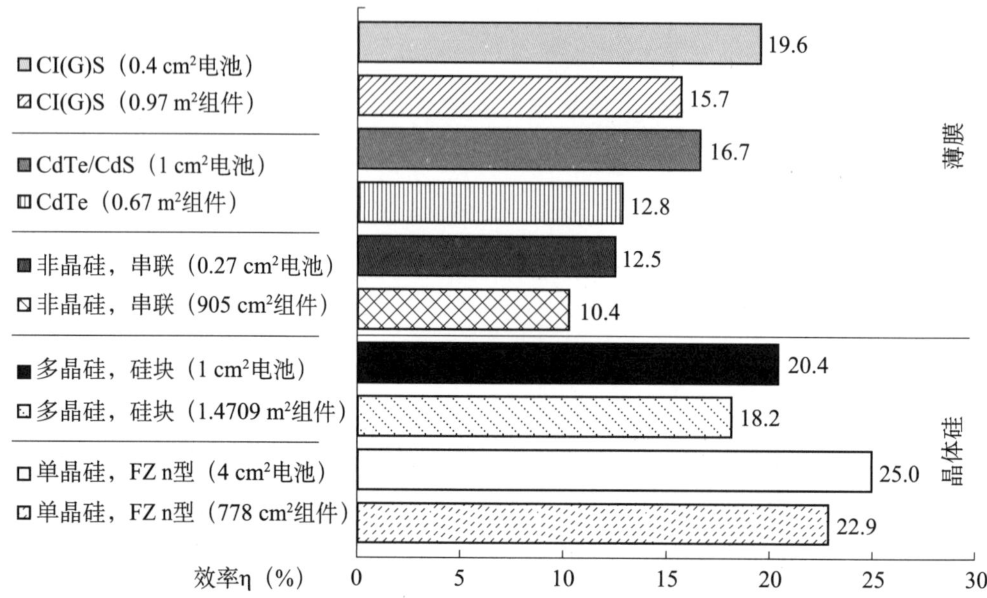

图 3.7　现已在生产中使用的各种 PV 技术相应效率比较：最佳实验室电池和最佳实验室组件

什么是多晶硅电池和组件？多晶硅电池如图 3.8 所示，值得注意的是晶体较大。在 20 世纪 70 年代后期，研究发现只要晶体粒度不小于光吸收长度的 30 倍，就可以利用多晶片制成优质电池[5]。只有那些位于晶界处的在光吸收长度范围内的位于激发态的电子才会被损耗，而这类电子数量少于载流子的 5%。如今，多晶硅组件的最佳效率达到了 18% 左右，而单晶硅组件的最佳效率达到了 23% 左右。2011 年，配有多晶硅电池和单晶硅电池的组件占组件销量的比重分别达到了 45% 和 40% 左右。

图 3.8　电池网格线和多晶体的单个多晶硅光伏电池（左图）以及在住宅屋顶上安装组件（右图）

在图3.7中还需要注意的一点是，所有薄膜组件的转化效率都大打折扣。如今生产的薄膜组件多为由第一太阳能公司制造的CdTe组件。图3.9显示的是现场安装该公司组件的照片[6]。薄膜组件和多晶硅组件的效率和成本对比情况如何？根据文献[7]，薄膜组件在2013年6月17日的现货价格为0.64美元每瓦，而多晶硅组件的同期现货价格为0.72美元每瓦。可见，实际上薄膜组件更便宜，但是我们还需要考虑装机系统价格，重点在于组件的效率。根据图3.7，我们需要注意CdTe组件的效率仅为12.8%，而多晶硅组件的效率则为18.2%。系统层次的重点在于安装成本。安装CdTe薄膜系统需要的组件面积几乎多出了50%，而且，还要注意的是在图3.7中，CdTe薄膜组件面积为0.67 m^2，约为1.47 m^2多晶硅组件面积的一半。所有这些都意味着需要更多螺钉和更多劳力，而且由于薄膜组件效率较低，需要更大范围的面积。支持提升效率的另一因素是住宅屋顶面积往往有限。

图3.9　第一太阳能公司CdTe薄膜组件在美国西南部的现场装机，CstSte_Eldorado_0194_SemprTIF（2011）

不过，薄膜电池技术的应用也扩展到了其他领域。比如，计算器中就有非晶硅电池。在这种情况下，薄膜电池的优势在于它能够轻松实现电池到电池的互相连接，从而提高电压（图3.10）。此外，非晶硅技术还应用于X射线医疗成像系统以及液晶显示器[8]，本书第六章也讨论了这一应用。薄膜组件还可用于光电建筑一体化系统。

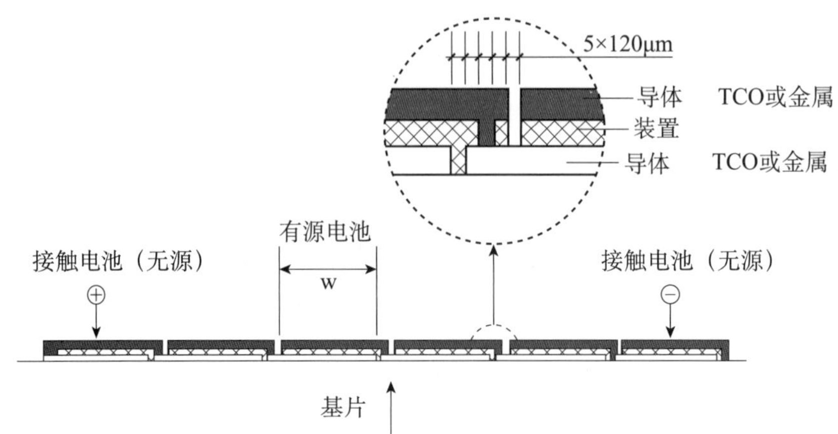

图 3.10 薄膜组件常见薄膜电池单片集成技术图解

但是，如果我们回到实现要为全世界电力需求做出重要贡献的伟大梦想上，那么非晶硅薄膜电池技术还面临着另一问题。如图 3.11 所示，硅在地球上的含量丰富，但是碲却恰恰相反[9]，碲的含量程度堪比金的含量，而硒的含量也是差强人意。最终结果就是，硅组件更胜一筹。

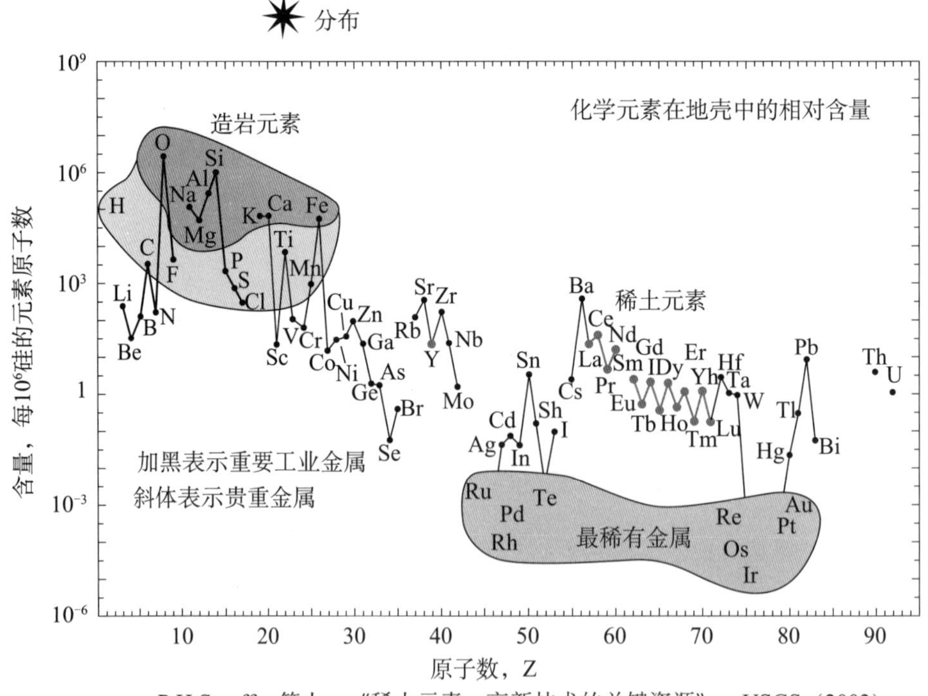

图 3.11 元素含量。碲（Te）的稀有程度类似于金（Au）

3.4　高效太阳能电池及其未来前景

如图 3.12 所示，Fraas 和 Kinechtli[10]第一次在理论上提出了转化效率高达 40% 的 InGaP/GaInAs/Ge 三结聚光电池。他们提出应将该类电池用于地面聚光用途。但是，当时并不具备组装这种电池的技术条件。因此，Fraas 等人[11]在 1990 年继续提出了转化效率为 35% 的双结 GaAs/GaSb 电池，如图 3.13 所示，同样该类电池也是为了用于地面聚光系统。该效率达到 35% 的电池激发了人们资助多结电池工作的积极性，20 世纪 90 年代，人类第一次在制造航天卫星时使用多结太阳能电池方面做出了尝试。

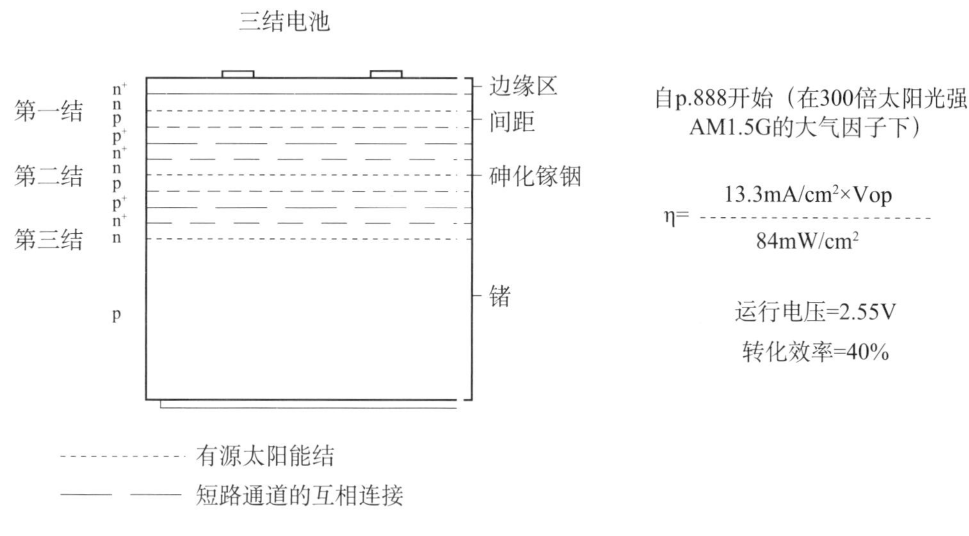

图 3.12　单片式三结 InGaP/GaInAs/Ge 聚光光伏电池（Fraas 和 Kinechtli，第 13 届 IEEE 光伏专家会议[10]）

注：1978 年，预计在 300 倍太阳光强 AM1.5G 的大气因子下实现 40% 的电池转化效率。

最终，在二十世纪头十年之内，工作重心终于移到地面聚光系统用电池。在国家再生资源实验室的资助下，Spectrolab 终于在 2012 年证实了早在 1978 年提出的 InGaAs/GaInAs/Ge 三结电池。Spectrolab/NREL 结构和试验结果见图 3.13[12]。

效率达 40% 的聚光电池的证实为什么会花费这么长时间呢？部分原因是聚光光伏系统具有一定的复杂性。如图 3.14 所示，如今需要的不仅仅是电池，还需要透镜和太阳光追踪器。此外，系统还需安置于阳光充足的位置。不过，从图 3.14 可知，电池效率已经提高到 44%[13]，而且仍呈现出提升趋势。如今，组件效率达到了

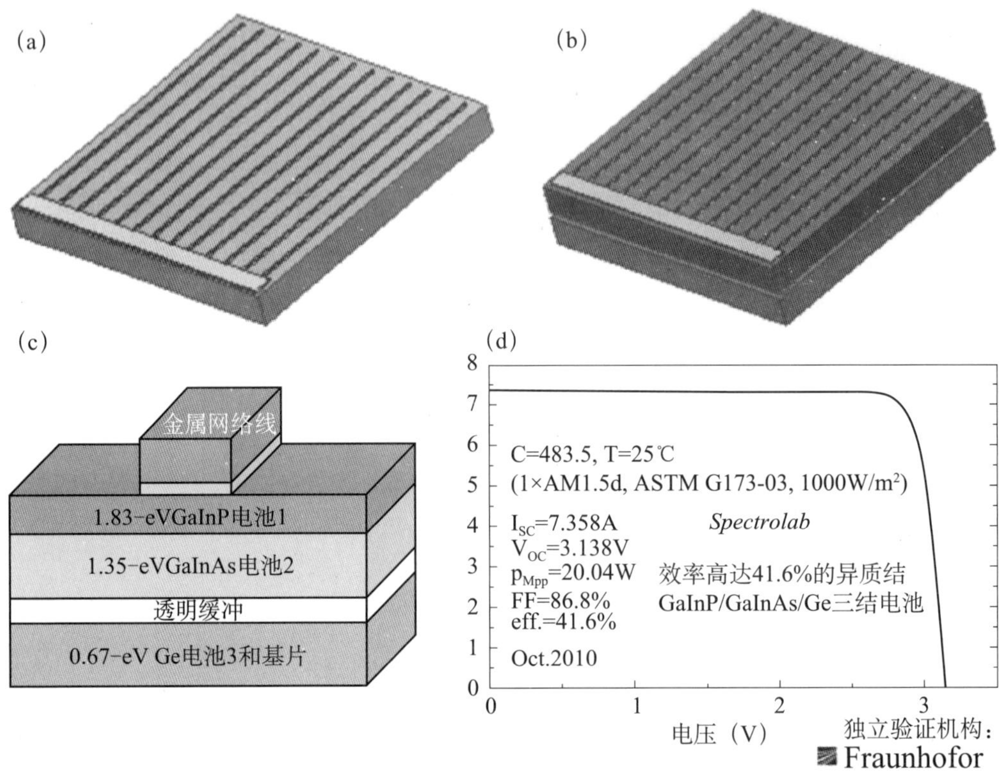

图 3.13　a. 单结硅太阳能电池　b. 1990 年首次提出效率达 35% 的 GaAs/GaSb 双结电池[11]　c. NREL 和 spectrolab 三结电池　d. 2012 年得到的试验结果[12]验证了 1978 年提出的预测[10]

34.5%[13]，而且这些高倍聚光光伏（HCPV）系统需要双轴追踪器，最适合装机容量在 10～100MW 范围内的大规模现场安装。而这些系统现在面临的问题是，如何加强组件供应链管理和扩展系统。想象一下，规模经济能够为高倍聚光光伏系统成本和太阳能电力的结果成本带来多大的好处。

所以，如今太阳能电力成本似乎即将成为主流经济电源，但是，评论家可能会指出只有阳光充足的时候，才能用太阳能。目前，已经有研究对这一问题做出了回应。比如，用于双结聚光光伏用途的 GaSb 红外能电池[14]目前已经能够在人造热源条件下使用，从而用于分散组合式供暖和家用电器，图 3.15 所示的 MidnightSun TPV 炉[15]就是一个很好的例子。这种技术叫热光伏或 TPV[16、17]技术。我们将在第十一章中进一步讨论热光伏系统。该技术与聚光光伏系统的相似之处在于它也需要与燃烧器和配对 IR 发射器等其他部件的系统集成[18、19]。不过同样，规模经济会对其相应成本的降低产生神奇的作用。

单一机组原型Cg=1 024×使用：
· 镀氩SoG FK一次透镜
· 非镀氩玻璃二次透镜

室外测量尺寸

效率*=34.5%

Date	02/14/13
Time	16:10
DNI(W/m^2)	814.5
P_m(W)	6.95
I_{SC}(A)	2.50
V_{OC}(V)	3.31
FF	84.0

电流（A）
电压（V）

即将得出使用镀氩二次透镜时的测量结果

*@T_{cell}=25℃

图 3.14　运行效率达 44% 且配有太阳聚光透镜的小型三结电池见左图所示。效率达 34.5% 的迷你组件所测结果包括光损耗

图 3.15　JXC Midnight Sun™ TPC 炉能够同时实现每小时 25000 BTU（7.25 kW）热量和 100 W 电量的热电联供。JXC GaSb IR PV 电池是 TPV 系统的关键部件

3.5 小 结

平面薄膜和平面硅组件的优势都是轻便。因此，1 倍太阳光强平面组件广泛用于住宅屋顶。在这一领域中，大晶粒硅组件具有的效率优势让这类组件比薄膜组件更为合适。两种 1 倍太阳光强组件均已被工业和公用设施客户大量应用于大规模现场安装。在大规模现场安装领域内，硅组件又一次占据了主导地位，但是第一太阳能公司凭借其强大的营销技巧和财政资源也获得了成功。

目前聚光光伏电池效率高达 44%，而聚光光伏组件效率甚至达到了最佳平面组件的 1.5 倍（34.5/22.9 = 1.5），虽然如此，但是聚光光伏系统仍存在一些缺点。聚光光伏电池和组件都更为复杂，因此适合接入大规模系统。此外，它们都适合安装在阳光充足的地方。不过，现在正在建造、安装和测试装机容量为 100 MW 的聚光光伏系统。

非常奇怪的一点是，系统最适合安装在阳光充足的地方居然也是一种不利条件，但同时这也间接突出了重要的一点，政府支持对太阳能光伏发展来说一直扮演着重要角色。据称，美国发明和证明了硅电池和平面组件技术是可行的，德国通过上网电价创建了相应的市场，而中国则对生产设施进行了投资，降低了组件成本。考虑这些因素的同时，我们还要注意德国的太阳能资源可与美国的阿拉斯加州相提并论。美国西南部拥有的太阳能资源比德国高出一倍多[20]，而这对美国的聚光光伏发展而言其实是非常好的机遇。

可惜的是，美国政府一直以来都在为军用和太空系统提供政策支持，却忽略了商界的制造业发展。高效多结太阳能电池和热光伏系统电池的研发过程都能够说明这一点。三结电池最早是为太空系统研发，而迄今为止的 GaSb 热光伏系统研发成果均是来自美国国家航空航天局、美国陆军和美国海军。而直到今天，我们更喜欢用的燃料资源无非是核能、柴油和喷气燃料。利用丙烷或天然气这两种最具利用价值的家用燃料研发热光伏系统，有重要意义，但是这一研究却尚未得到任何支持。图 3.15 所示 MidnightSun TPV 炉的研发过程均由 JX Crystals 公司的内部资金支持。在家用、商用和工业用途方面，热光伏系统有潜力成为太阳能供能的强劲补充力量（图 3.16），但是却因为缺乏资金支持而难以扩大生产规模。轧钢厂往往需要全天候不间断地处理热钢坯，而热光伏系统在这些厂的废热发电方面具有重要意义。根据钢铁年产量，热光伏系统能够把现在随钢坯冷却产生的废热转化成 10GW 的发电量。

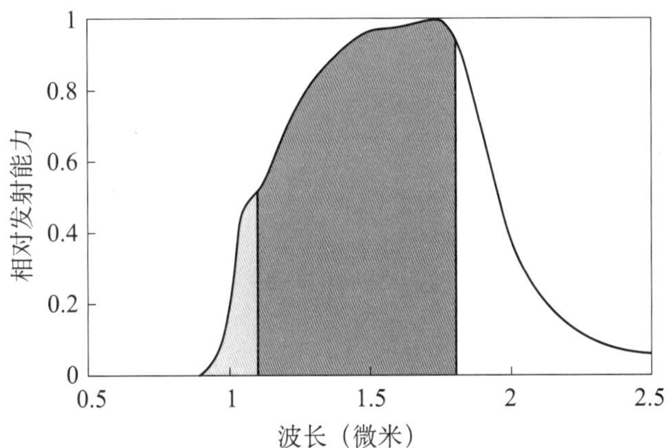

图 3.16　对于人造光源光谱，GaSb IR 电池将在红色区域内反应，而标准硅太阳能电池仅在黄色区域内反应

为了实现聚光光伏的批量生产，生产基础设施建设仍需要强有力的政府支持。如前所述，美国最先推出了高效电池技术。所以，现在摆在美国政府面前的是一个难得的机会，通过为聚光光伏系统规模生产提供支持，政府有可能在制造业创造更多就业机会，以及大幅度降低全球太阳能电力成本。

参考文献

[1] J. Perlin, *From Space to Earth. The Story of Solar Electricity* (AATEC Publications, Michigan, 1999)

[2] L. Fraas, in *Solar Cells, Single Crystal Semiconductors, and High Efficiency*, Chap. 3, Solar Cells and Their Applications, 2nd edn. (Wiley, New Jersey. 2010)

[3] D. M. Chapin, C. S, Fuller, G. L. Pearson, A new silicon p-n junction photocell for converting solar radiation into electrical power. J. Appl. Phys. 25. 676 (1954)

[4] Fraunhofer Institute for Solar Energy Systems ISE Pholovoltaics Report (Freiburg), www. ise. fraunhofer. de/.../pdf-files/aktueiles/photovoltaics-report. pdf. Accessed 11 Dec 2012

[5] H. C. Card, E. S. Yang. IEEE-TED24, 397 (1977)

[6] First Solar. www. firstsolar. com/Press-Center/Media-Library

[7] Mercom Capital Group. SOLAR_ JUNE2013_ MercomSolarReport24June2013. pdf

[8] L. Fraas, L. *Partain Solar Cells and Their Applications.* Chs. 22-25, 2nd edn. (Wi-

ley, New Jersey, 2010)

[9] G. B. Haxel et al. , in *Rare Earth Elements—Critical Resource for High Technology*, http://pubs. usgs. gov/fs/2002/fs087-02/ (2002) . *Also* in *Cadmium Telluride: Advantages and Disadvantages*, www. solar-facts-and-advice. com/cadmium-telluride. html. Accessed 9 July 2013

[10] L. M. Fraas, R. C. Knechtli, in *Design of High Efficiency Monolithic Stacked Multi-junction Solar Cells.* 13th IEEE Photovoltaic Specialist Conference (Washington, DC. 1978), p. 886

[11] L. M. Fraas, J. Avery, J. Gee et al. , in *Over 35% Efficient GaAs/GaSb Stacked Concentrator Cell Assemblies for Terrestrial Applications.* 21st IEEE PV Specialist Conference (Kissimmee, Florida, 1990) . p. 190

[12] R. R. King, D. Bhusari, D. Larrabee, X. -Q. Liu, E. Rehder, K. Edmondson, H. Cotal, R. K. Jones, J. H. Ermer, CM. Fetzer, D. C. Law, N. H. Karam, Solar cell generations over 40% efficiency, Paper Presented at 26th EU PVSEC, (Hamburg, Germany 2011), Progress in pholovoltaics: research and applications, Prog. Photovolt: Res. Appl. (2012), Published online in Wiley Online Library (wileyonlinelibrary. com) . doi: 10. 1002/pip. 1255

[13] A. Jeff, S. Vijit, W. Mike. Y. Homan, in *44%-Efficiency Triple-Junction Solar Cells.* 9th International Conference on Concentrator Photovoltaic Systems, Miyazaki, Japan, 15 April 2013

[14] L. M. Fraas, J. E. Avery, P. E. Gruenbaum et al. , in *Fundamental Characterization Studies of GaSb Solar Cells*, 22nd IEEE PV Specialist Conference, vol. 80 (1991)

[15] L. Fraas et al. , in *Commercial GaSb Cell and Circuit Development for the Midnight Sun® TPV Stove.* 4th NREL conference on thermophotovoltaic generation of electricity, AIP Conference Proceedings, vol. 460 (Denver, Colorado. 11 – 14 Oct 1998) . pp. 480 – 487

[16] T. Bauer, *Thermophotovoltaics: Basic Principles and Critical Aspects of System Design* (Springer. New York, 2011)

[17] D. Chubb, *Fundamentals of TPV Energy Conversion* (Elsevier, New Jersey, 2007)

[18] L. M. Fraas, J. E. Avery, H. X. Huang, R. U. Martinelli, Thermophotovoltaic sys-

tem configurations and spectral control. Semicond. Sci. Technol. 18. S165 (2003). doi: 10.1088/0268-1242/18/5/305

[19] L. M. Fraas, J. E. Avery, H. X. Huang. Thermophotovoltaic furnace-generator for the home using low bandgap GaSb cells. Semicond. Sci. Technol. 18, S247 (2003). doi: 10.1088/0268-1242/18/5/316

[20] Solar resource, http://www.intellectualtakeout.org/library/chart-graph/photovoltaic-solar-resource-united-states-spain-germany

第四章　光伏电池的基本原理以及单晶体的重要性

从单晶体到非晶硅，制成太阳能电池的材料不同，太阳能电池类型也多种多样。本文将主要阐述不同类型的太阳能电池及其优势与局限性。本文对半导体的本质进行了基本阐述，首先介绍了原子中的电子具有波动性。在探讨了电子的波动性后，继续描述了单晶半导体。本文用单晶半导体的理论阐释了二极管和太阳能电池的工作原理。接下来介绍了半导体材料的各种不足对太阳能电池性能的影响。最后，本章以表格形式列出了迄今为止各种太阳能电池的性能情况。读者会发现，列举的这些性能与之前提出的简单构想一致。而接下来几章，我们还会更详细地阐述各种太阳能电池。本章重点解释了为什么制作高效电池需要优质单晶材料。

4.1　原子中的电子波动性以及元素周期表

太阳光实际上是波长各不相同的电磁波。电磁辐射包括无线电波、微波、红外线、可见光和紫外线等。当提到波长较长的无线电波等辐射时，我们往往会研究电磁波，而对于波长较短的红外线和可见光，物理学家则转而关注光子。光子相当于有一定波长和能量的粒子或小波。光子是一个能量子，或者说是不连续的能量包。那么问题来了，电磁辐射到底是波还是粒子呢？答案是两者都是！这就是波粒二象性，我们把这一学科称为量子力学[1]，而研究院通常会在物理课上结合大量数学运算来讲授量子力学。不过，不要被吓到。其实，我们用简单的非数学术语就能阐明其中的关键概念，而这些概念对太阳能电池的理解至关重要。

通常人们把电磁辐射的波动性理解为电子是作为围绕原子核运动的粒子，正如行星绕太阳运动一样。但是，原子极其微小，可以这么说，一根人类头发可以穿过200000 个原子！根据日常经验，我们无法直观研究如此微小的原子。而事实证明，我们可以用波函数描述原子核周围的电子。这就是波粒二象性。

不过，我们可以用非常简单的语言描述原子和固体粒子内的电子运动规则。正如图 4. 1 所示，首先我们来看一下简单的氢原子，氢原子由一个带负电荷的电子和一个带正电荷的质子构成[2]。电性相反的质子和电子互相吸引，彼此越靠越近，因此要把它们分开也就越来越难。研究发现，电子的运动限制在图 4. 1 左图所示的能量井或势阱中。但问题是：电子会不会坍塌，落到质子上呢？并不会。那我们怎么知道的呢？通过研究原子发出的电磁光谱，我们会发现如图 4. 1 右图所示的不连续波长和能量，并不是所有能量都可以。那怎么解释这一点呢？科学家假设用能够说明电子当时可能位置的波函数描述电子的位置。而因为已知电子不会运动到势阱之外，因此得出势阱外的波函数必须为零。由于我们研究的是波，我们发现波必须有 1 个、2 个和 3 个（等等）波峰，正如图 4. 1 左图的势阱所示。出于种种历史原因，我们把存在 1 个波峰的轨态标记为 S，把存在 2 个波峰的轨态标记为 Px、Py 和 Pz（其中，x、y 和 z 分别表示三维空间中的三个不同方向）。而电子运动的另一规则是电子可以呈现正螺旋和反螺旋运动，但是单个电子仅能占据一种轨态。因此，我们可以说正反螺旋的 S、Px、Py 和 Pz 轨态各有两种，也就是说总共有八种可能的轨态组合。而事实证明，这种波假设能够非常好地解释原子光谱、元素周期表[3]以及所有化学知识。

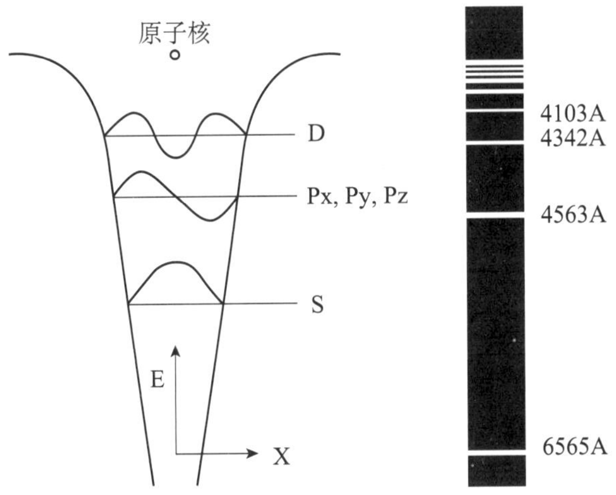

图 4. 1　左图为原子中原子核周围电子的势阱及能级 S、P 和 D 的波函数。右图为氢原子的线性光谱

包括 S 和 P 轨道在内的八种轨道组合解释了周期表的第二列和第三列，而表 4. 1 概括了包括常见商用半导体材料元素在内的周期表的重要特征。由于本文并未涉及 D 区的过渡金属，因此未作赘述。

表 4.1 元素周期表

Ⅰ		Ⅱ		Ⅲ		Ⅳ		Ⅴ		Ⅵ		Ⅶ		Ⅷ	
H	氢													He	氦
Li	锂	Be	铍	B	硼	C	碳	N	氮	O	氧	F	氟	Ne	氖
Na	钠	Mg	镁	Al	铝	Si	硅	P	磷	S	硫	Cl	氯	Ar	氩
				Ga	镓	Ge	锗	As	砷						
				In	铟			Sb	锑						

4.2 半导体晶体

电子具有波动性，为什么说知道这点很重要呢？原因在于波具有内在周期性，同样原子在单晶体中的位置也具有周期性，而正是周期性让半导体变得尤为特殊。在历史上，半导体革命始于半个世纪以前，而这正是发现高纯度单晶体的重要性及其提纯技术逐渐成熟的阶段。

当然，历史或许能说明一些问题，但本文旨在阐释单晶体对太阳能电池的重要性，以及探索制作太阳能电池的材料需要达到怎样的纯度和完美程度，而其中最重要的一点便是如何生产经济的太阳能电池。

在描述半导体之前，我们回到元素周期表，比较一下半导体、金属和绝缘体，看一看为什么半导体更为特殊，以及制作太阳能电池为什么需要半导体。而要简单概括一下其中的原因，我们可以这样解释：要生成电能，太阳能电池就需要产生电流和电压。电流的产生输运需要一定的电子迁移率，而电压的产生则需要电子能级差。金属的电子迁移率较大，绝缘体存在能级差，而只有半导体同时满足这两者。

钠、镁等金属元素位于元素周期表左侧，这类原子中每个都是只有几个电子，而且电子束缚能力较弱（易失去），因此它们能够在最近邻形成十二个电子的稳定结构。由于原子已经紧密结合在一起，金属的势阱就像井底延伸到金属表面的平底井一样，金属表面形成限制电子的能量势垒。因为与原子比起来，这个井要大得多，因此能够形成各种电子波函数波长和能量组合。这样一来，电子就可以在金属中自由移动，但是不存在能级差。由于电子难以认清金属原子核在平底势阱中的主要位置，比起金属特性，结晶度也就显得微不足道了。

位于元素周期表右侧像氧和氯这样的元素电子束缚能力强，随时准备获取更多原子。这类元素往往容易形成类似于盐（氯化钠）和玻璃（二氧化硅）的离子化合物。这些化合物中的能级与原子非常类似，表现在电子只在各个原子能级间处于激发态。这类物质存在能级差异，但电子迁移率却不足。由于电子位于离子之上，结晶度同样变得微不足道了。

这就引出了第四主族元素，如硅元素。硅晶体中硅的结构如图 4.2 所示。硅原子具有 4 个电子，容易形成图中所示的 4 个四面体键合结构。通过观察硅晶体对角线上的一排硅原子，可以发现在硅原子间存在着交替键合和未键合结构。而这一排原子的能量势阱情况如中图所示，并分别用实线和虚线表示出了两种波形[3]。实线波形的波峰表示键合区平均势能较小的电子。同时，虚线波形的波峰表示未键合区平均势能较大的电子。但是，两种波形都允许电子邻近晶体中的硅原子对，而这表明整个晶体都能够发生电子迁移。由于单晶体中的原子位置具有周期性，描述单晶体中电子的波函数必须具有相应的波长。因此唯一满足条件的状态就是在最邻近硅原子对或最远硅原子对间存在键结电子和反键结电子结构的这两种状态。由于不容许其他电子波函数，这些状态间存在一个能级差。表示键合状态的状态形成了所谓的价带，而表示反键结态的状态形成了所谓的导带。

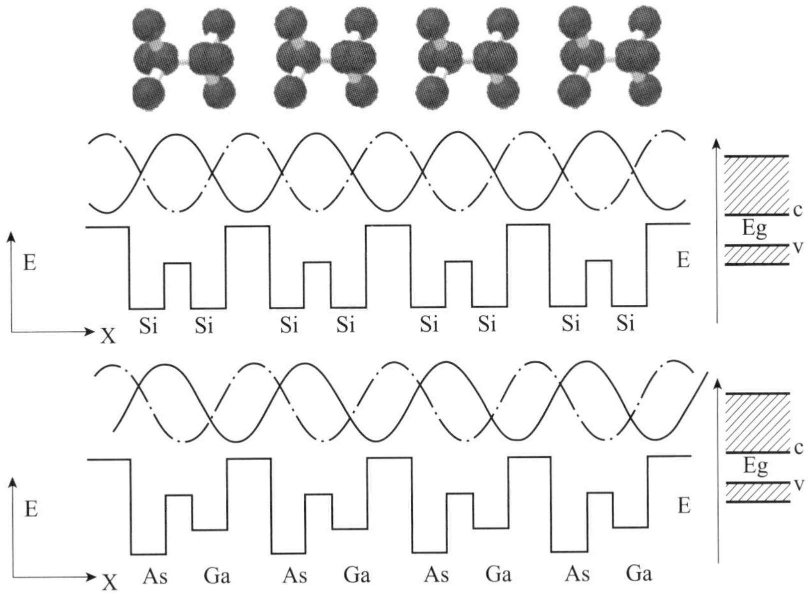

图 4.2　上图为硅晶体中沿晶体对角线成组的四面体键合硅原子，显示了交替键合对和未键合对。中图为顶部原子序列势能，其中实线为价带键结波函数，而虚线为导带反键结波函数。下图为砷化镓晶体的势能和波函数

图 4.2 还显示了第三到第五主族半导体的势能和波函数。以砷化镓单晶体为例，第三（Ⅲ）主族元素镓能够与第五（Ⅴ）主族元素砷形成四面体键合结构，正如硅中的每个原子都要共用 4 个电子。因此，第三到第五主族元素被广泛用于制造各类

半导体。

事实表明，由于晶体周期性，半导体既有能级差，又有足够的电子迁移率。图4.3让我们能够更形象地理解这一点。

图4.3　砷化镓单晶体中导电电子的移动通道图；其中，小球表示镓原子，大球表示砷原子，白柱表示价带

我们可以从图中同时看到连接的键合区和中间的开放通道。我们可以想象电子在键合区或者开放通道中的更多能级下运动。在键合区发生的电子扩散会在价带产生能量，而在开放通道发生的电子扩散则会在导带产生能量。这些区域间的分割产生了能级差。通过观察图4.3，我们还能够想象较大外来原子、晶界或者缺陷都可能会干扰通道中的流动，而且彻底扰乱通道秩序会导致两类能级混合。

图4.3直观表明与非晶质及小晶粒薄膜相比，单晶体的电子迁移率较大。而定量测量其实也验证了这一点。电子迁移率可以采用常规方法简单测量得出。单晶硅的电子迁移率通常为1500 cm^2/Vsec，而砷化镓单晶体的迁移率为4500 cm^2/Vsec[4]。作为薄膜太阳能电池最常见的两大材料——非晶硅和铜铟联硒化物（CIS）的迁移率则仅为4 cm^2/Vsec，差异高达1000倍，这一结果与图4.3的直观估测一致。

4.3　PN结与二极管

现在我们已经明白可以自由移动的载流子能够为太阳能电池带来流通的电流。那么如何利用能级差来产生电压呢？我们需要PN结（P = 正电，N = 负电）。

除了上述半导体中的电子运动之外，我们现在还要明白数清电子数量也非常重要。如果半导体纯度极高（称为本征半导体），电子就会占据其中所有的键合状态，这样一来就没有能够在导带运动的电子。而且，由于没有电子能够移动的空隙，电子也不能在价带上运动，用少量磷原子替代硅原子能够解决这一问题（1 比 100 万的比例）。这是因为磷属于第五主族，比硅多一个电子。这样生成的材料则为 N 型材料，因多余的电子带负电而得名。

此外，作为对 N 型材料的补充，我们可以用铝原子来替代硅原子，从而让键合结构或价带缺失一个电子，这是因为铝属于第三主族，比硅原子少一个电子。现在需要考虑的不是价带上的 100 万个电子，而是价带上缺失的电子。我们称之为空穴。这就像气泡融入水的过程。空穴带正电，因此我们把这种材料称为 P 型材料。

如果把 N 型材料和 P 型材料放到一起会发生什么呢？结果就是生成图 4.4 所示的 PN 结二极管[4,5]。该图下侧的能带边缘图描述了二极管的工作原理。P 型区和 N 型区紧密靠近后，随着电子从 N 型区向 P 型区扩散以及空穴从 P 型区向 N 型区扩散，导致 P 区和 N 区分别失去空穴和电子，从而在结中形成了一个电场。直到 P 型材料的价带边缘（v）基本与 N 型材料的导带边缘（c）对齐时（如左图所示），这种结果才会出现。如图中的横虚线所示，结两边的自由电子和空穴会在这时达到相同的能量，这就是零电压能带图（A）。而现在我们需要注意的是要想从结的 N 侧移

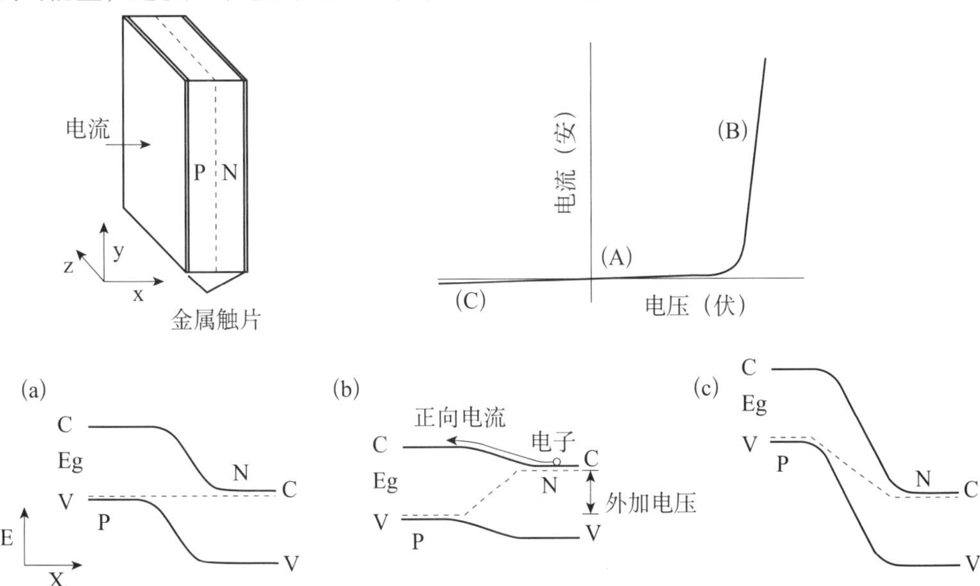

图 4.4　左上图表示 PN 结二极管，右上图表示 PN 二极管的电流—电压曲线。左下图表示外加零电压状态下，通过 PN 结的导带最小值和价带最大值的位置。中下图为正向电压能带图，为产生高强度电流而减少能量势垒。右下图表示施加反向电压，能量势垒阻碍电流导通

动到 P 侧，电子需要跨过能垒。如果外加电压是正向电压（B），可以降低能垒或能量势垒；如果是反向偏压（C），则会增加能垒或能量势垒。如果正向电压把能垒降到足够小，达到带隙能量的 2/3（67%）左右，电流就会开始流动，而与之相应的就是右上图所示二极管电流—电压曲线的拐点。如果是反向偏压，则不会出现流通的电流，这是因为能量势垒越来越大。因此，二极管是一种只允许电流单向流通的整流器。

4.4 太阳能电池能带图以及功率曲线

根据图 4.5，太阳能电池相当于在正面向阳处有金属片的大型 PN 结二极管。太阳能电池能够把太阳光线中的能量转化成电能。更准确来说，我们应该把太阳光线称作光子。图 4.5 中，下面的两个图就是我们熟悉的能带边缘图。这些能带边缘图展示了太阳能电池的工作机制。首先，随着光子被吸收，把 P 型材料中的电子从基态或者价带激发到了激发态导带。它可以在导带上自由运动，而如果它在激发态下的存活时间足够长，它就能扩散到结中，降落在势垒上，从而在太阳能电池中产生电流。

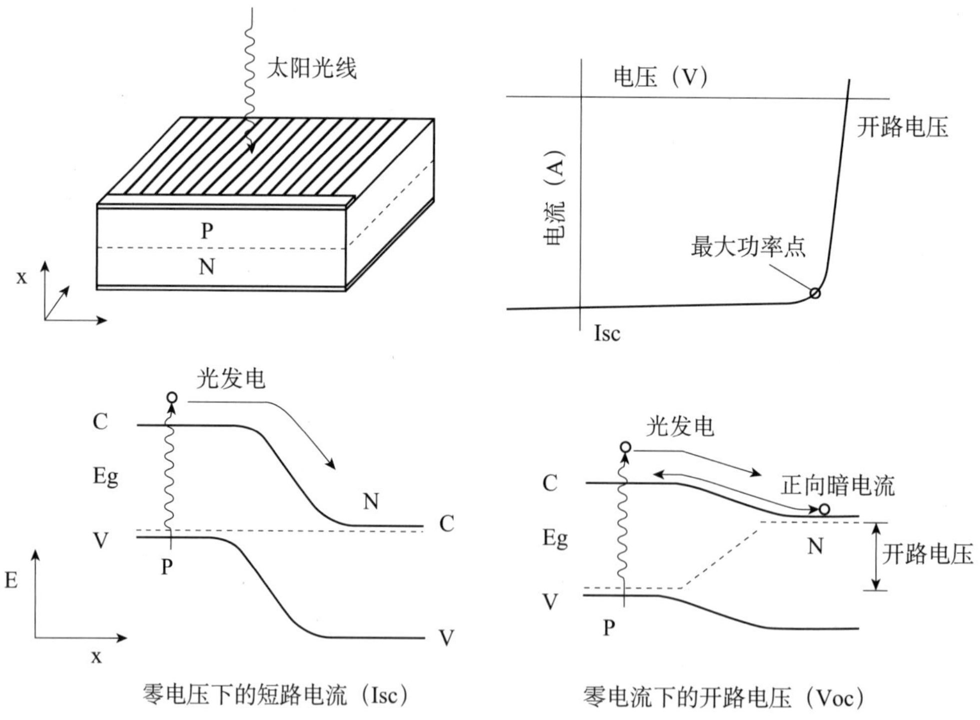

图 4.5　左上图表示上侧覆有金属片的 PN 结太阳能电池；左下图表示光子吸收激发电子进入导带，然后电子落入 PN 结势阱。上图和右下图所示的太阳能电池伏安曲线即为二极管 I - V 曲线，因光发电而走低

高效装置中太阳能电池的电压性能基本上由半导体带隙、势阱壁复合速率和工作温度决定。在大多数晶体硅太阳能电池和其他低性能晶体和非晶装置中，这种势阱壁都是复合速率非常高的欧姆接触，近似无限大[6]。这种无保护欧姆接触壁会使太阳能电池的输出电压在低于带隙值的范围内不断升高。幸好直接带隙半导体拥有双异质结构，能够同时实现欧姆接触和低复合速率。正是由于其邻近的晶格相匹配或者能够达到的完美效果，这种装置才尤为有效。如果把多个带隙不同的太阳能电池的结一结一结层叠起来，在入射阳光被 2 或 3 个颜色不同的能带吸收的时候，这一优势最为显著。这种堆叠式色彩分离对吸收限极为敏感的直接带隙半导体材料最为有效。而对硅等间接带隙半导体而言，它们的渐变式吸收限会对分色造成干扰，从而影响分色效率。目前，只有堆叠结式直接带隙半导体太阳能电池具有优于欧姆接触面积减小的最佳单结单晶硅装置的极高效率。

4.5　高效多结太阳能电池

太阳能电池如何达到高效率？如何实现这样的高效率呢？从理论上说，太阳能电池能够实现 70% 的转化效率，然而，现实中却没有人相信。不过，这确实是可能的。目前，太阳能电池的效率为 40%，所以 50% 的转化效率目标是有可能实现的。

而更有意思的问题是，要怎样做才能实现高转化效率。从根本上说，我们需要满足三个要求。首先，对每个被吸收的光子而言，产生的激发态载流子需要存活足够久，以保证 PN 结能够收集到载流子。第二，由于太阳光谱中包含能量各异的光子，因此要最大限度的善用每个光子中的可用能量。第三，电池生成的电压应尽量接近带隙能量。我们将在接下来的段落依次讨论这些要求。

第一，每吸收一个光子就要对应收集一个电子，这就说明需要单晶材料和高纯度材料。每吸收一个光子，所收集的电子数量即为量子效率。总之，图 4. 6 从半定量的角度描述了半导体的纯度。要理解图 4. 6，我们首先回到图 4. 3 所示的晶体通道。首先，我们要清楚一个电子可以在这些晶体通道中走多远。答案是约为一百个原子间距。这是因为原子并非真正静止，在其热能作用下围绕它的中心位置小距离振动。但是，这种振动能量很小，因此被激发的电子不会重新回到价带，而是会偏移到另一通道。这种偏移就是无规行走扩散过程中的一步。见图 4. 6。

下一个问题是：激发态载流子距离 PN 结有多远？这取决于光子的吸收距离，由材料和光子吸收规则决定。我们需要简单看一下光子的吸收规则。了解这些规则非常重要，因为这会让我们明白，硅的光电特性与第Ⅲ-Ⅴ主族元素类半导体截然不同。

低成本太阳能发电

我们简单回顾一下图 4.1 中的氢原子。光子吸收的规则之一是涉及的波函数必须有不同的对称性。比如，我们观察到 S 和 D 波函数关于原子核对称，而 P 函数则为非对称，那么就允许 S 到 P 以及 P 到 D 之间发生吸收作用，但是不允许 S 到 D 的吸收。现在，我们来看一下图 4.2 中的硅和砷化镓（GaAs）的波函数。我们发现硅元素的两种波函数均关于两个硅原子之间的点对称，这也就是说硅不会发生一阶光子吸收，而砷化镓却可以发生光子吸收。

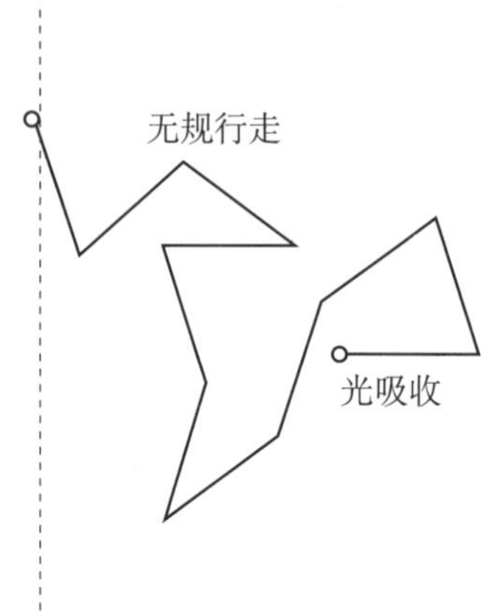

图 4.6　光产生的一个载流子无规行走扩散到 PN 结中

因此，砷化镓的光子吸程约为 10000 个原子间距，而现实生活中，硅也是能够进行光子吸收的，光子吸程约为 100000 个原子间距。硅发生二阶吸收的原因是原子热振动。

现在，我们就能回到纯度和无规行走扩散的问题了。我们说过，一步长约为 100 个原子间距，因此，砷化镓中的载流子距离 PN 结 100 步左右，而硅中载流子则约为 1000 步左右。但是，在无规行走中，从起点移动 N 步需要的步数是 N × N 步。因此，砷化镓中被激发的电子需要行走 10000 步或者说 100 万（1000000）个原子间距才能到达 PN 结。如果途中在通道上遇到了大杂质，那么这个电子就会重新回到价带，从而丢失。因此，砷化镓的纯度要求约为 1ppm。以此类推，硅的纯度要求约为 10ppb。实际上，由于过渡金属杂质浓度往往在十亿分之几的范围内，硅太阳能电池的性能会有一定损失。虽然上述论述过程有些冗长，但是我们的目的是强调这一纯度要求。同理可证，不含缺陷的优质单晶体与高纯度同样重要。

目前的商用单晶硅太阳能电池通常能够达到上述纯度规格，而同样能够达到上述纯度的还有在过去五十年间给我们的生活带来翻天覆地变化的其他各种单晶硅类装置。虽然很多人可能没有意识到，但事实上各种第Ⅲ-Ⅴ主族类单晶装置十年来已经融入了我们的日常生活。上文指出了砷化镓和硅材料在光子吸收方面的差异，而这表明在光电和光学电子应用上，第Ⅲ-Ⅴ主族类材料往往更合适。从周期表中可以看到，第Ⅲ-Ⅴ主族类可用的材料种类非常之多，如砷化镓、磷化铟、锑化铟和锑化镓等。此外，还可以使用这些材料的各种合金，如铝砷化镓、磷砷化镓、铟镓砷磷等，这保障了足够的带隙和电子迁移率。如今，第Ⅲ-Ⅴ主族类单晶装置广泛用于手机、卫星接收器、CD 播放器、电脑光盘驱动器、汽车尾灯、交通信号灯以及各类军事武器系统。而且，第

Ⅲ-Ⅴ主族类单晶装置还是光纤语音通讯和互联网的关键组件。

实际上，最高效的太阳能电池使用的便是第Ⅲ-Ⅴ主族类材料，这就涉及制作高效太阳能电池的第二大要求。我们要尽可能高效地利用各色太阳光线中的能量。太阳光的问题在于光子颜色各异，而且携带的能量也不尽相同。如果想要使光电二极管的效率最大化，我们就只能用单一能量等于带隙能量的光子来照射二极管。这样一来，如果能够同时达到足够的晶体质量和纯度，PN 结就可以收集到所有被激发的载流子，把 67% 的光子能量转化为电压。换言之，能量转化效率约为 67% 。

然而，参考图 4.7 可知，太阳光子自身携带的能量不同。有些光子能量过低，无法被吸收；而有些光子能量巨大，超出了频带隙能量的范围。就太阳光谱而言，这将单接面太阳能电池的效率限制在 30% 以下。然而，Ⅲ-Ⅴ电池提供了一种解决方案，因为存在多种材料携带各种频带隙能量。具体来说就是，可将一个正反面均有金属网格的可见光敏感型砷化镓太阳能电池叠加到一个红外线敏感型锑化镓太阳能电池上，以获得图 4.7 右侧所示的双色或双接面太阳能电池。这样，电池顶部材料首先吸收高能光子，产生较高电压，同时，低能光子穿透顶部电池，并在底部电池内进行转换，从而使更多的光子得到更好的应用。这是世界最为高效、效率达 35% 的砷化镓/锑化镓双色或双接面太阳能电池。

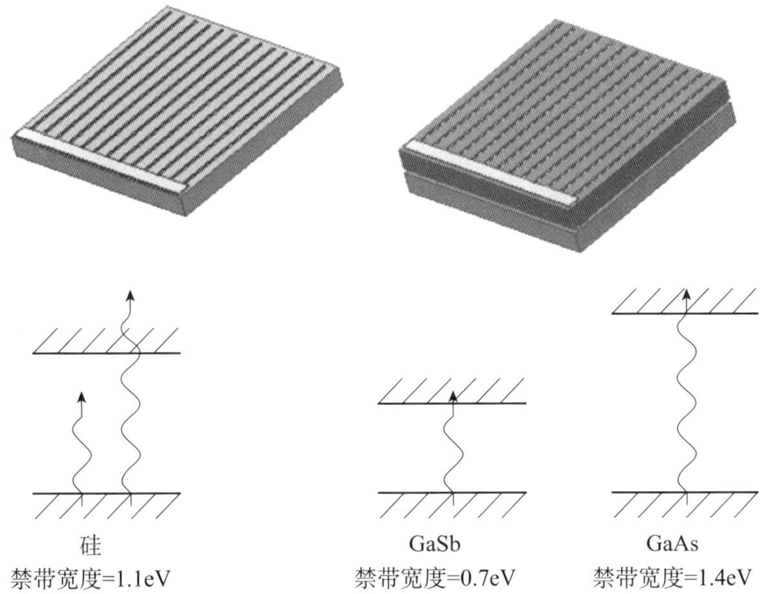

图 4.7　左图表示单结太阳能电池，而太阳光中包括能量过剩的高能光子和能量不足的低能光子
右图表示把两个不同的结堆叠起来能够提高太阳光谱的利用效率

这就为我们提供了第三种提高太阳能电池效率的方法。我们想要从给定的频带隙能量中产生更多的电压。这一点可通过将太阳光聚集到电池板上实现，如图 4.8 所示。可采用一个透镜实现太阳光的聚集，如左图所示。在有无透镜两种情况下所产生的电流电压曲线如右图所示。对于太阳能电池来说，此处翻转的二极管曲线是常见的。注意，聚光电池的电流越高，效率越高。这是因为电流电压越高，越难驱动二极管。换句话说，如果光级增加 10，电流也会增加 10，但同时，电压也会升高。事实上，在聚集的太阳光下，开路电压会从带隙的三分之二左右升高到四分之三左右。

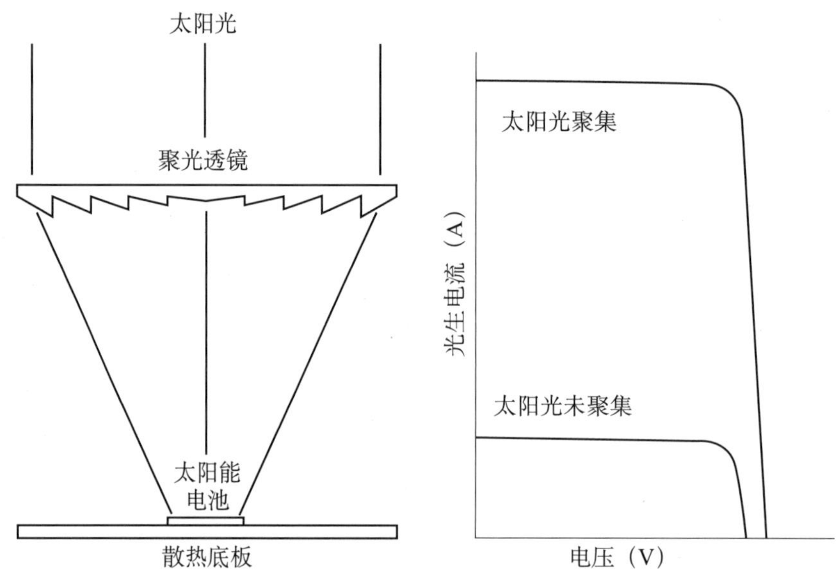

图 4.8　在太阳光聚集的情况下，由于电流及电压均增大，太阳能电池的效率更高

4.6　太阳能电池的种类及交易成本

自 20 世纪 70 年代早期石油禁运以来，采用光伏（PV）电池或太阳能电池借助地球的太阳光产生具有成本竞争力的电能便是光伏协会的一个梦想。在 20 世纪 70 年代的十年间，形成了三种实现此梦想的方法。

第一种方法是平面晶体硅法，就是简单地将用于卫星的单晶硅太阳能电池板接地，进行制造方面的直接改进。在这些平面组件中，90% 的受光面为单晶硅电池区。伴随着诸如大粒径铸造多晶硅锭、丝网印刷网格线及钢丝锯切片等技术的改善，这种方法在减低成本方面取得很大进展。当今地面应用的太阳能电池市场主要采用这种方法。

第二种方法是薄膜光伏电池法。研究人员观察到，宝石等单晶体本身是很昂贵的，如果能发现和油漆一样便宜且能实现太阳光发电的一种薄膜，岂不更好？于是他们放弃了单晶电池，开始寻找一种可以廉价、高效发电的薄膜电池材料。他们遇到的问题是，非单晶材料降低了电池的转换效率。美国国家可再生能源实验室引领了这种 PV 技术的发展。

第三种方法是太阳能聚光器。研究人员观察到，人们可以通过一种廉价的透镜或镜子将太阳光聚集到一个小型的单晶电池上，并能够减少对单晶宝石成本的影响。这种方法在图 4.8 中有所描述。需要注意的是，这种聚光器最适合用于阳光充足的地方，因为这些光学器件需要暴露于太阳光下且需要追踪太阳的轨迹，以便使太阳光聚焦于电池板上。本书中，有人认为该方法从长远来看成本最低。

表 4.2 针对这三种方法在户外阳光测量条件下电池组件效率进行了总结。在该表中，为对比各种不同的技术，我们对电池组件的效率，而不是电池的效率进行了总结。其中，电池组件是用电线连接到一起的一组组电池，组件的太阳能集热面积至少为 100 cm^2，这就消除了对单个零散的小型研究规模电池的测量。此表前两行所示的是平面大晶粒硅太阳能电池组件的典型效率。整个电池为单晶体时，效率为 19%。第二行效率属于电池在其区域内存在多个晶体的情况，但每个晶体至少比光学吸收长度大 20 倍。在这种情况下，电池组件的效率略微下降至 15%。基于单晶硅的平面电池组件在当今地面应用的商用太阳能电池市场中的占比超过 90%，那么有关这些电池组件将在第五章进行更详细的叙述。

表 4.2　太阳能电池的类型及太阳能电池组件的效率

太阳能电池类型	电池组件效率 （实际测试条件（%））
单晶硅电池	19
多晶硅电池	15
非晶硅薄膜电池	9
小粒径 CIS 薄膜电池	10
小粒径碲化镉薄膜电池	10
单晶硅聚光电池	24
聚光Ⅲ-Ⅴ电池	34

第三行效率针对非晶硅薄膜电池。下面三行中的电池组件效率针对各种薄膜电池。非晶硅电池组件的效率仅为 9%。

最后两行是聚光太阳能电池系统的电池组件效率，其效率远远高于其他电池，比单晶硅电池效率高 20% 以上，比单晶Ⅲ-Ⅴ多色电池效率高 30% 以上。这些效率远高于其他电池效率的原因除本章最后一节讲述的内容，还因为使用了聚光透镜或聚光镜，这样可使人们对太阳能电池组件两个明显矛盾的要求，即成本更低和效能更高，分成两个独立的因素。有了聚光器，透镜或镜子充当其大面积、低成本的集热部分，而小型电池充当高效转换器。鉴于这种功能的分离，要获得更高的性能，电池每单位面积的成本会更高，但相对于透镜大小，电池的小尺寸抵消了其对整个系统成本的影响。第七章对这些大功率密度光伏聚光电池进行更详细的描述。

表 4.2 中所述标准工况下的效率对现场性能提供了有用的一阶估计。然而，不同类型电池在不同地理位置的实际现场性能大不相同[7]，现场效率可提供最准确的对比。根据现场太阳仪的测量，按照照射电池组件的光能划分的太阳能电池组件每年释放产生的交流功率（kWh/m^2）。对聚光系统现场效率的初步估计较高，但略微低于表 4.2 预期的对比值[8]。然而，聚光系统仍处于早期发展阶段，随着时间的推移以及经验的增加，其现场性能会得到改善。

4.7 单晶体的重要性

35% 的高效太阳能电池在 1989 年便得以展示，为什么在 2003 年仍无法投入商用？其中一个原因就是，在过去的 25 年，太阳能研发协会将 80% 以上的可用研发资金花在了薄膜太阳能电池上。为什么呢？一个答案在于，寻找一种效率为 20% 的低成本薄膜太阳能电池是一个吸引力巨大的梦想。然而在本章中，我们讨论波状电子及晶体半导体来说明这一梦想缺乏良好的科学原理基础。事实上，在研究院的固态物理课上，半导体的能带隙是在最佳周期性单晶格假设的基础上严格推导出来的。

然而，单晶体对半导体设备的重要性通常未能以一种简单易懂的方式传达给人们。这肯定不是出资方或金融机构应掌握的知识。图 4.9 尝试通过将固体中的电子运动与森林的汽车移动进行类比，纠正这种情况。

在单晶体中，整理原子就好比在森林中砍伐树木开辟一条道路。位置不当的原子或原子杂质对电子来说是障碍物，就好比树木是汽车的障碍物一样。与这些障碍物的碰撞迫使电子（或汽车）失去能量，效率因此大大降低。总之，薄膜太阳能电池方面经过 25 年的发展，电池组件的效率仍然很低，未取代主流的晶体硅电池组件。

聚光太阳能电池也还没有成为主流，原因有多种但不是因为其性能不高。太阳能聚光技术具有良好的既定科学工程原理基础。聚光的问题之一在于需要更多的投

图 4.9　单晶体太阳能电池和薄膜太阳能电池对比。“如果你是一辆穿行在国家森林的汽车，或是穿行于太阳能电池内的一个电子，你会选择哪条路?”

资，不仅透镜等硬件需要投资，跟踪装置和新的太阳能电池生产设备也需要投资。

如今太阳能面临的一个问题在于，对非晶体薄膜的关注耗费了太阳能聚光器替代品非常有限的资源。薄膜电池组件在市场上的失败使得投资者认为所有关于太阳能产品都是糟糕的。许多人仍然记得 SOLYNDRA 的破产，这是在薄膜技术（CIGS）上的失败[9]。重新调整对聚光器的研究可扭转负面的资金循环，还能成功使阳光充足的美国西南部市场不断扩大。市场销售进而为更多研发工作提供支持，实现长期目标。希望本章及本书能够使更多的公众了解太阳能电池物理学方面的知识，以便使投资者及政府决策者区分太阳能技术的优劣。

参考文献

[1] R. P. Feynman, R. B. Leighton, M. Sands, *The Feynman Lectures on Physics*, vol. 3—Quantum Mechanics. (Addison-Wesley, Reading, 1965)

[2] R. P. Feynman, R. B. Leighton, M. Sands. *The Feynman Lectures on Physics*, vol. 3, —Chapter 19: "The Hydrogen Atom and the Periodic Table" (Addison-Wesley, Reading, 1965)

[3] J. M. Ziman, *Principles of the Theory of Solids*, Chapter 3— "Electron States", (Cambridge University Press, Cambridge. 1964), pp. 72 – 74

[4] S. M. Sze, *Physics of Semiconductor Devices*, (Wiley-Interscience, New York, 1969)

[5] C. Kittel, *Introduction to Solid Slate Physics*, (Wiley, New York, 1967)

[6] L. Partain, *Solar Cell Device Physics in Solar Cells and Their Applications*, eds. by L. Fraas, L. Partain (Wiley, Hoboken, 2010), p. 78

[7] D. King, W. Boyson, J. Kratochvil, *Analysis of Factors Influencing the Annual Energy Production of Photovoltaic Systems*, Proceedings 37th Photovoltaic Specialists Conference Seattle. 2011, pp. 1356 – 1361

[8] L. Fraas, L. Partain, *Summary, Conclusions and Recommendations in Solar Cells and Their Applications*, eds. by L. Fraas, L. Partain (Wiley, Hoboken, 2010), p. 594

[9] http://en.wikipedia.org/wiki/Solyndra

第五章　如今的地面用硅太阳能电池

晶体硅太阳能电池和组件在当前的地面用太阳能市场中占据了主导地位。虽然早在 1958 年就出现了硅电池的太空应用，但直到 1975 年，Bill Yerkes 离开 Spectrolab 公司，组建了 Solar Technology International（STI），硅太阳能电池才开始用于地球上的地面应用。这一创业公司几经易主，如今被 SolarWorld 集团收入麾下[1]。今天广泛使用的丝网印刷太阳能电池和夹层玻璃组件就是 STI 公司研发的产品。地面用硅组件技术和市场的发展轨迹如图 5.1 所示。STI 公司约在 1980 年研发的部分早期晶体硅（c-Si）组件产品如图 5.2 所示。

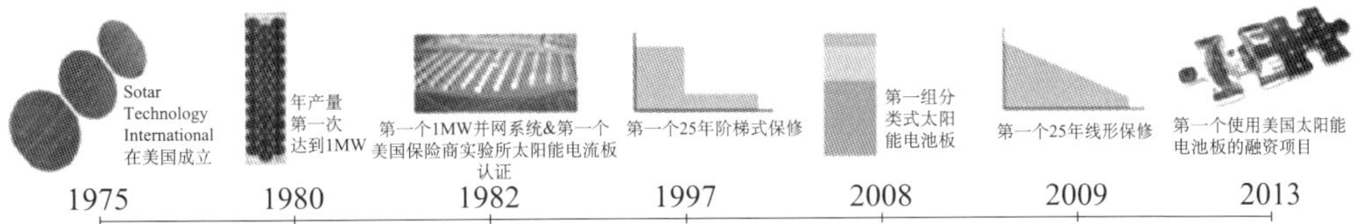

图 5.1　SolarWorld 打造的太阳能行业第一[1]

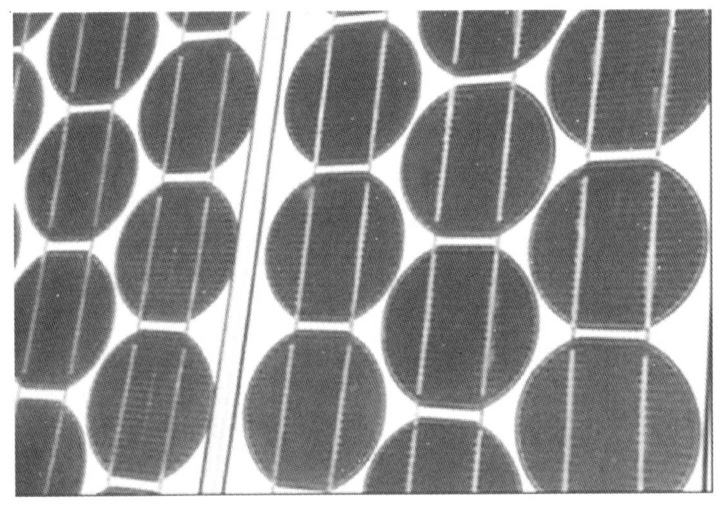

图 5.2　1980 年 STI 太阳能电池板（照片由 Jim Avery 提供）

低成本太阳能发电

如今进化的晶体硅组件产品如图 5.3 所示。其中，左图为效率为 14.9% 的 SolarWorld 组件[2]，中图为效率为 15.9% 的中国英利组件[3]。这两种组件大致相同。右图为效率高达 19% 的 SunPower 组件，内置创新型更高效晶体硅电池。

图 5.3 SolarWorld（左图）、英利（中图）和 SunPower（右图）晶体硅组件

虽然，SolarWorld 绝对称得上是晶体硅组件技术和市场的领头人，但近年来，中国组件厂商纷纷抢占市场份额；如今，正如图 5.4 和 5.5 所示，中国厂商已经占据晶体硅太阳能市场的主导地位。

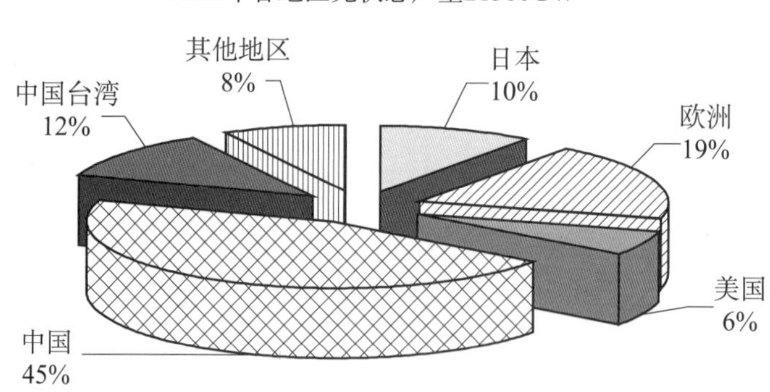

图 5.4 2010 年各区域光伏产量[9]

如表 5.1 所示，中国组件厂商占据了较大市场份额，而这主要是因为中国政府为国内太阳能产业的发展提供了雄厚的财政支持。2010 年，中国各大银行通过借贷协议向国内太阳能公司提供的金融支持总计 407 亿美元[5]。

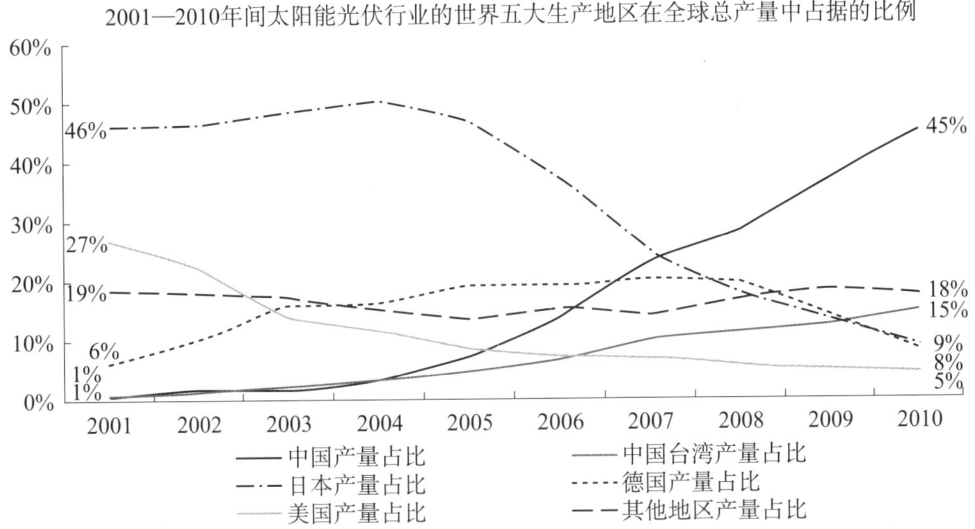

图 5.5　中国正积极占领光伏组件制造业的市场份额[10]

表 5.1　2010 年 1 月起中国各大银行为中国太阳能公司提供的贷款和信贷协议

公司名称	金额（百万美元）	银行名称
中电光伏	160	国家开发银行
大全新能源	154	中国银行
韩华新能源	1000	中国银行
韩华新能源	886	上海银行
晶澳太阳能	4400	国家开发银行
晶科能源	7600	中国银行
赛维 LDK	3900	国家开发银行
尚德太阳能	7330	国家开发银行
天合光能	4400	国家开发银行
英利绿色能源	179	中信银行、中国银行
英利绿色能源	5300	国家开发银行
英利绿色能源	144	交通银行
英利绿色能源	257	交通银行
总计	40709	

资料来源：马科姆资本集团

金额单位：百万美元

[a]截至 2011 年 9 月 26 日

这也难怪世界领先的太阳能公司 SolarWorld 会向中国提出反倾销和反补贴要求。这其实是西方自由企业模式与中国政府产业规划模式间的冲突。我们可以清楚地看到这个问题的两面性。首先，中国政府的支持确实极大地推动了全世界可再生能源的发展；但同时，这对 SolarWorld 等西方世界的创新企业而言似乎不太公平。类似的问题还将存在，但我们希望这些问题能够友好地得到解决。

同时，如图 5.6 和 5.7 所示，目前已有多家低成本晶体硅组件供应商，而且这些组件也已经推广到多种地面应用。

图 5.6　住宅用 SunPower 组件[11]

图 5.7　加州圣路易斯奥比斯波的 250MW 加利福尼亚硅谷太阳能农场项目中的 1.5MW SunPower 绿洲发电模块局部视图[12]

如今，图 5.6 和 5.7 中的组件已实现商品化批量生产。如图 5.8 所示，组件生产工艺可先后细分为硅片生产环节、太阳能电池生产环节和组件组装环节。加州大学伯克利分校的 N. Cheung 教授发表了关于太阳能电池制造技术的精彩演讲[6]。图 5.8、5.9、5.10 和 5.11 的内容正是基于这一演讲内容编制。

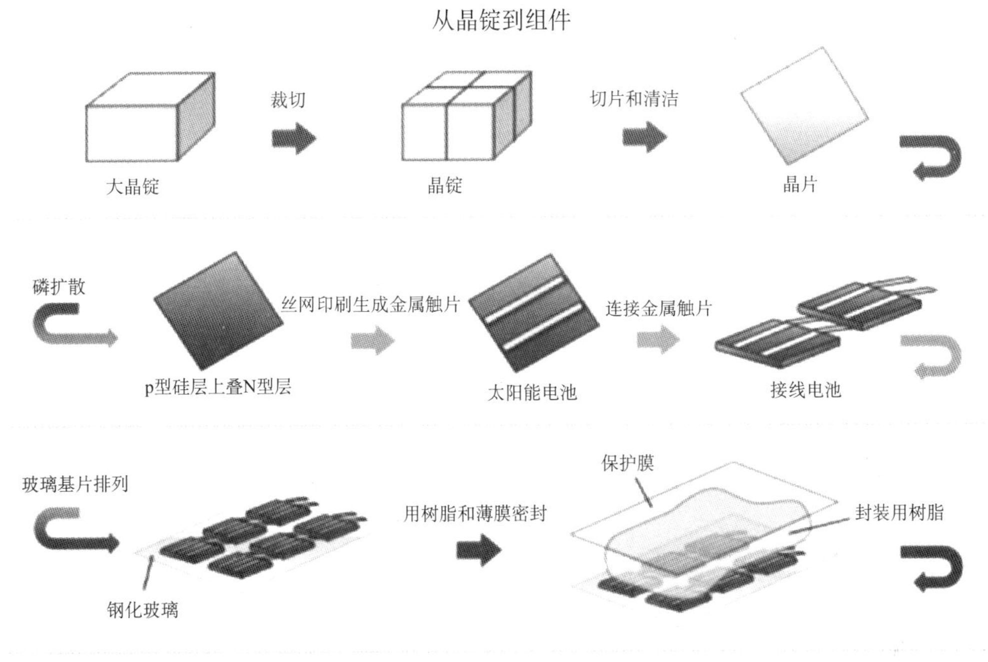

图 5.8　晶体硅太阳能电池和组件制造工艺[6]

晶片制造环节的更多细节参见图 5.9。晶片制造过程可进一步分为晶体生长或铸锭工艺，而两种工艺将分别生成单晶片或大晶粒多晶片。

如图 5.11 所示，无论生成哪种晶片，接下来的电池制造环节都将涉及形成 PN 结的扩压环节、集电网制造环节、增透膜环节和背接触金属喷镀环节。

生成电池后，就可以通过焊接导线串联和玻璃层压把电池制成组件成品。中国的优势在于可以由低成本手工完成这一工作。除此之外，这一工作也可以由图 5.12 中的自动化设备完成。

晶体硅组件的价格已大幅下降，而未来我们能够改进什么呢？如今，经图 5.9、5.10 和 5.11 所述工艺制成的组件能够达到 15% 的转化效率。但是，通过采用纯度更高的硅原料和改进电池制造工艺，我们有可能实现更高的组件效率。今天已经能够实现 22% 的电池效率。比如，下一章介绍的 HIT 组件，以及图 5.12 所示 SunPower 制造的交指背接触电极太阳能电池[7]都是非常好的例子。更为高效的电池能够生

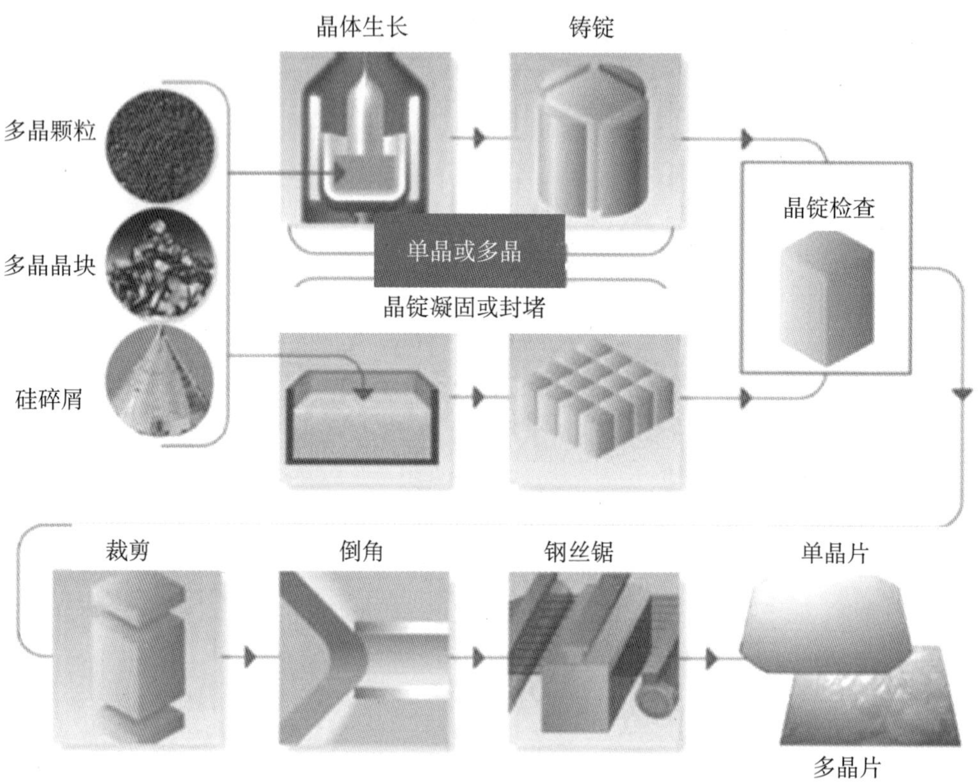

图 5.9　生成单晶片或多晶片的两条硅晶片制造工艺路径[6]

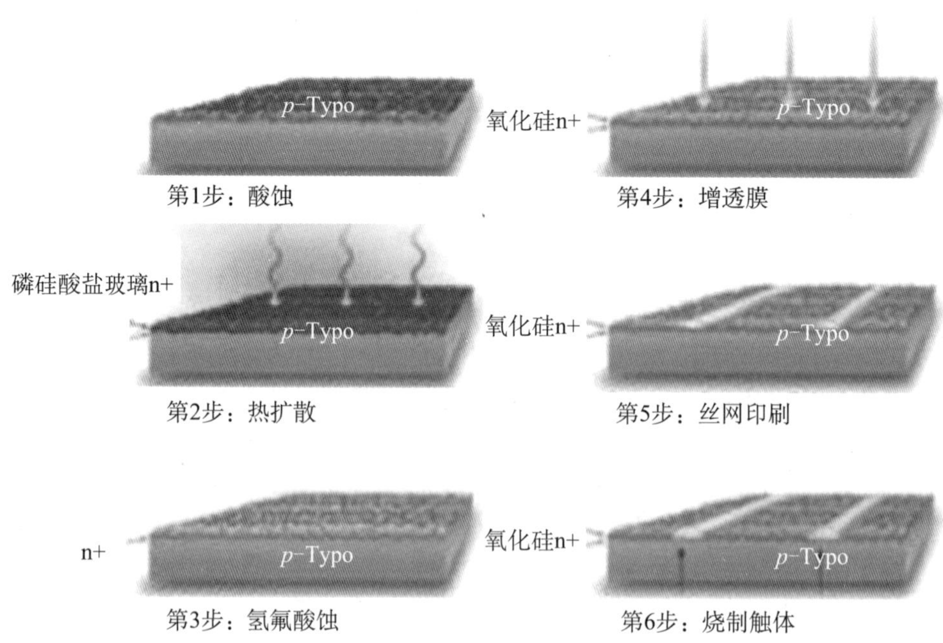

图 5.10　晶体硅电池通用工艺，其中 PN 结形成使用热扩散，网格形成使用丝网印刷[6]

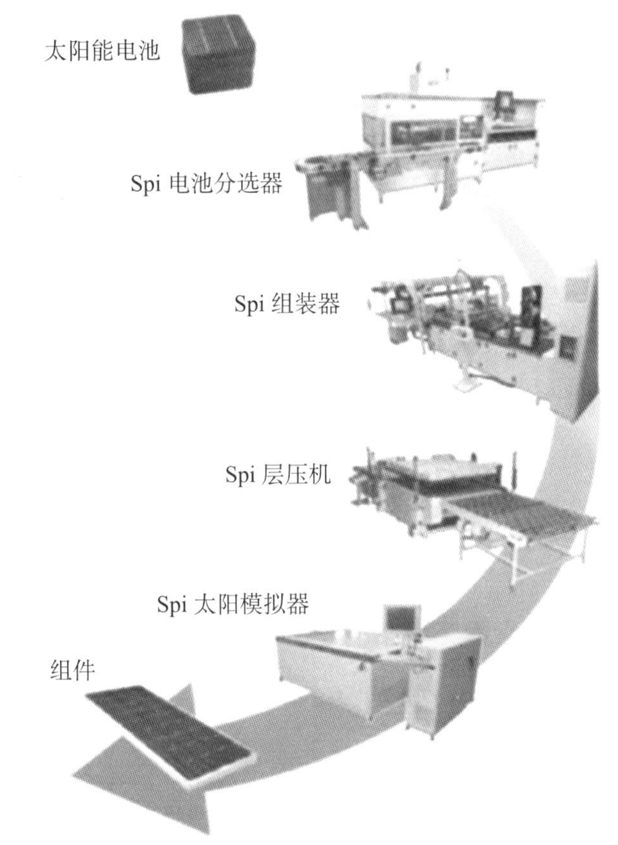

图 5.11　结合自动化设备的组件包装工艺，资料来源：Spire 公司

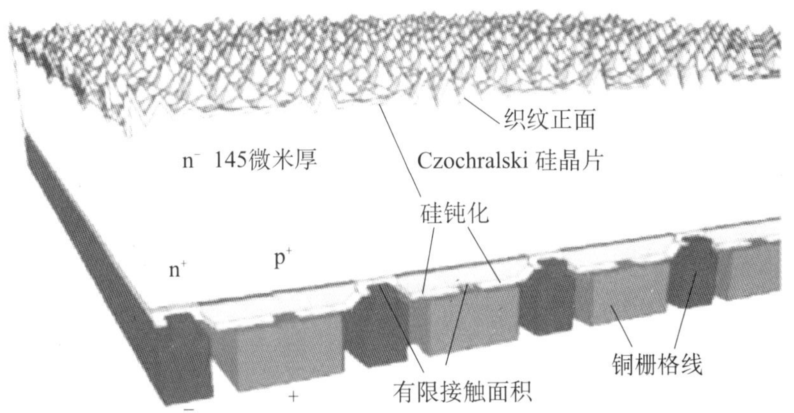

图 5.12　交指型后触点太阳能电池透视图

成更多能量，同时降低系统成本，不过前提是这些电池本身并没有太贵。不过，如果更为高效的晶体硅电池比较贵，我们可以采用把电池分成小电池以及使用透镜或

镜片来聚集太阳光（参见图 5. 13 和 5. 14）的解决方案。图 5. 13 展示了两倍聚光系统，图 5. 14 展示了 SunPower 制造的七倍聚光 C7 系统[8]。这种方案很有前景，第七章还将进一步讨论。

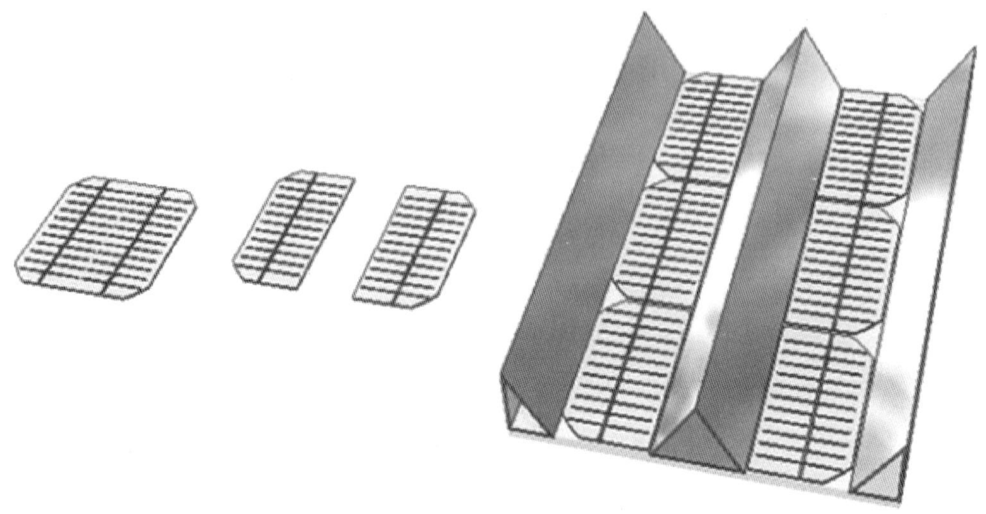

图 5. 13　用低成本镜片代替部分高成本单晶硅电池材料的低聚光光伏组件

图 5. 14　SunPower C7 系统现场安装[8]

如图 5. 15 所示，SunPower 认为如果 C7 系统使用效率达 24% 的晶体硅电池，那么它能够实现的均化发电成本（LCOE）将低于标准平面晶体硅组件和各种薄膜光伏组件。

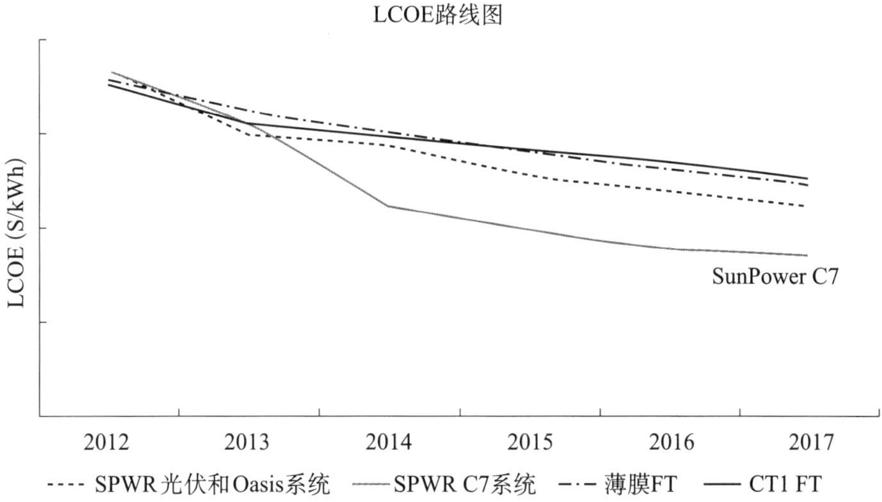

图 5. 15　SunPower 认为如果 C7 太阳能现场装置能够实现的均化发展成本将低于平面晶体硅组件或各种薄膜太阳能系统[13]

参考文献

[1] http://www. solarworld-usa. com/about-solarworld/history-of-solar

[2] http://www. solarworld-usa. com/-/media/www/files/datasheets/sunmodule-plus/sunmodule-solar-panel-250-mono-ds. pdf

[3] http://www. yinglisolar. com/assets/uploads/products/downloads/2012_ PANDA_ 60. pdf

[4] http://us. sunpower. com/cs/Satellite? blobcol = urldata&blobheadername1 = Content-Type&blobheademame2 = Content-Disposition&blobheader

[5] http://www. prosun. org/en/fair-competition/trade-distortions/subsidies. html 2/19/2014

[6] http://www-inst. eecs. berkeley. edu/ - ee 143/fa 10/lectures/Lec_ 26. pdf

[7] L. Fraas L. Partain, *Solar Cells and Their Applications*, 2nd Edition, Ch 4, (Wiley, 2010)

[8] http://www. solardaily. com/reports/SRP_ and_ SunPower_ Dedicate_ Completed_ C7_ Tracker_ Solar_ Power_ System_ at_ ASU_ Polytechnic_ Campus_ 999. html

[9] http://www. solarnovus. com/europes-role-in-the-worldwide-pv-market_ N3570. html

[10] http://en. wikipedia. org/wiki/List_ of_ photovoltaics_ companies

[11] http://gigaom.com/2012/08/08/sunpower-looks-to-solar-leases-as-a-bright-spot/

[12] http://us.sunpower.com/power-plant/products-services/oasis-power-plant/;

[13] http://www.slideshare.net/HitReach/sun-power-presentation? utm-source = slideshow-02& utm_ medium = ssemail&utm_ campaign = share_ slideshow

第六章　薄膜光伏电池的伟大梦想

1973 年阿拉伯国家发生的石油禁运让美国开始关注能源独立。为了在利用可再生太阳能源满足全球电力需求方面做出重大贡献，如何降低成本成了美国各太阳能光伏研究项目的主要驱动因素。正如第三章所述，目前关于如何降低成本的观点主要分为三种。第一种观点认为通过机巧的制造创新和规模经济，我们能够降低专为太空应用而研发的单晶硅电池的成本。

第二种观点认为单晶硅电池就像宝石一样昂贵，因此，我们需要的是非晶薄膜电池。美国开始大力研究碲化镉（CdTe）、铜铟镓硒（CIGS）和非晶硅（a-Si）薄膜太阳能电池[1]。而第三种观点认为高转化效率的实现需要单晶体材料，而同时我们还可以使用低成本光学透镜或镜片实现低成本大面积太阳能收集功能。根据这一观点，我们已经研发出了效率高达 35% 的砷化镓/锑化镓（GaAs/GaSb）机械堆叠电池等双结单晶电池[2]以及效率高达 40% 的三结磷化铟镓/砷化铟镓/锗（InGaP/GaInAs/Ge）单片电池[3]。

而在 2014 年，物理定律和批量生产的发展提供了一些非常有价值的解决方案。如今，我们已经知道批量生产确实至关重要，而且组件成本低至每瓦不到一美元的硅组件在今天的地面领域占据着优势[4]。如图 6.1 所示，截至 2013 年的光伏机组装机总容量中，硅组件产量所占比例为 90%，而薄膜光伏组件所占比例仅约为 10%[5]。

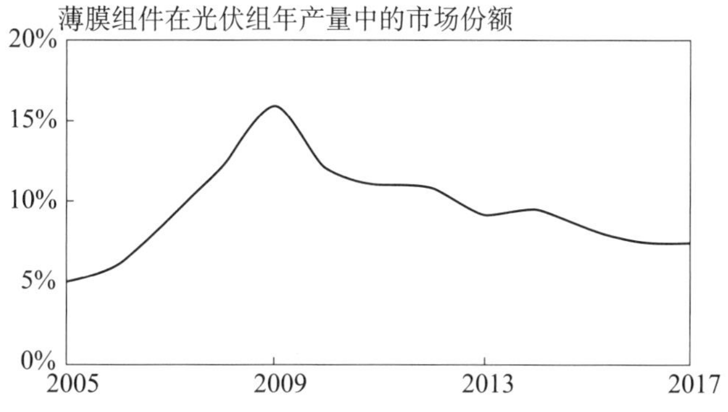

图 6.1　薄膜光伏组件在光伏机组年产量中所占的市场份额[5]

资料来源：NPD solarbuzz，2013 年 8 月

图 6.2　第一台太阳能计算器[7]和今天的 Eco-Drive[8]太阳能手表

不过，非晶硅太阳能电池的发展历程十分有趣，尤其是在衍生应用方面。1976 年，来自 RCA Laboratories 的 David Carlson 和 Christopher Wronski 制造出了第一批非晶硅光伏电池[6]。此后，我们利用这种材料，在了解这种材料和研发装置制造方法方面做出了大量工作。如今，非晶硅光伏装置不仅能够用于大面积发电，而且还广泛用于日常使用的计算器[7]和太阳能手表[8]，如图 6.2 所示。1978 年，第一台太阳能计算器[7]问世。

图 6.3 展示了非晶体硅装置的结构[9]。

图 6.4 展示了部分小型非晶体硅组件[9]，其中右下图表示用于计算器供电的小型 5 节电池串联单片电路，而中下图表示用于手表供电的环形电路。这些电路说明了薄膜光伏装置的优势，即可以通过单片电池互连加大电池电压[1]。见图 6.5。

通过把多个装置单片连接在大面积玻璃片上，我们能够实现非晶硅薄膜更为经济的应用，供显示屏使用，例如使用薄膜晶体管（TFT）供电电路的液晶显示屏（LCD）。非晶硅光伏和 TFT LCD 方面的三大创新均发生在 20 世纪 70 年代后期。首个创新发生在 1975 年，当时，休斯研究实验室的研究人员[10]展示出了“采用扭型向列液晶电池的反光直视式投影显示器”，见图 6.6。后来在 1976 年，Carlson 和 Wronski[6]推出了图 6.3 所示的非晶硅光伏电池。而最后一项创新是 LeCombre 等人[11]于 1979 年推出了图 6.7[12]所示的非晶硅 TFT 结构。

LCD 和 TFT 技术创新与单片连接非晶硅装置技术的结合能够带来图 6.8 所示的 LCD TFT 技术[13]。

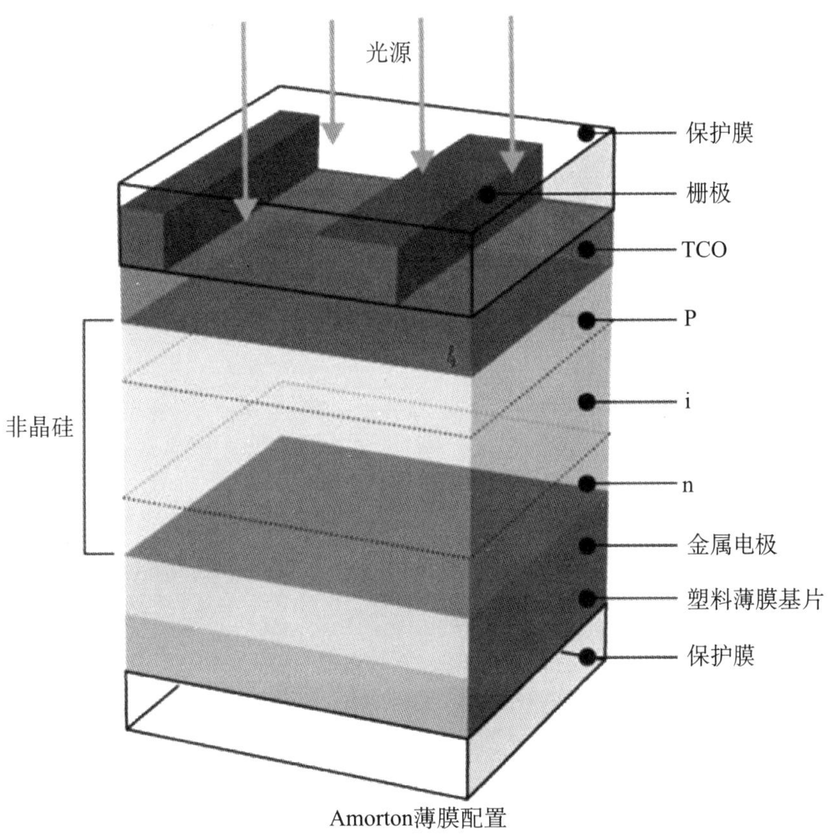

图 6.3　展示了非晶体硅装置的结构[9]。

图 6.4　非晶硅光伏技术能够适应此处展示的各种电路配置

注：图片节选自三洋 Amorton 产品的宣传手册[9]。

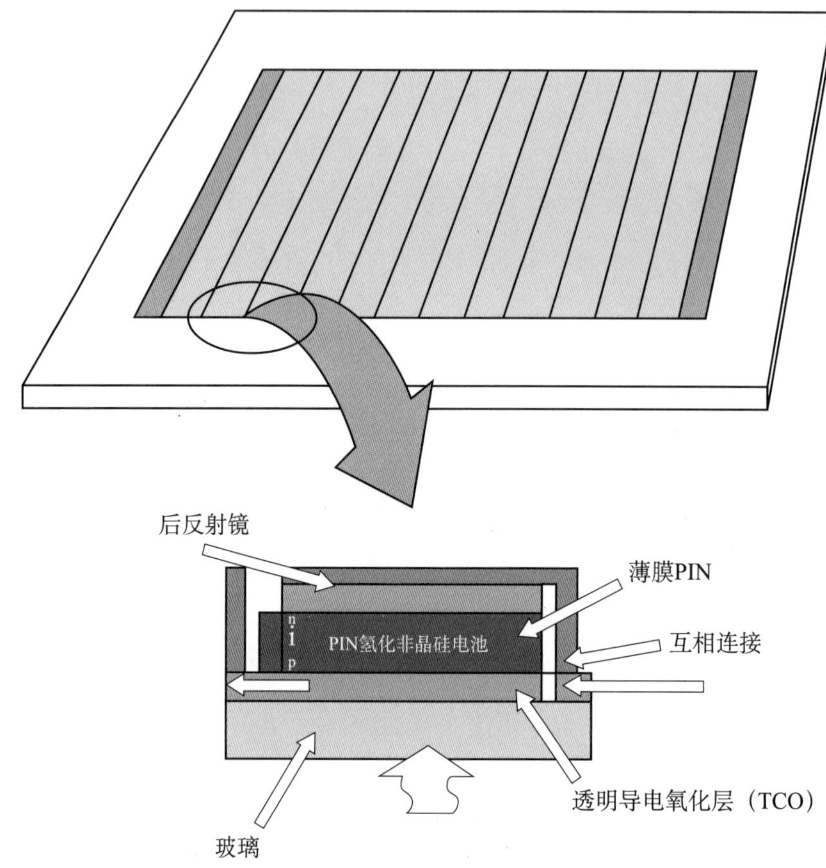

图 6.5　经过一系列划片、掩膜和沉积步骤，通过串联连接单片基片上生成的若干电池构成了完整的氢化非晶硅光伏板

20 世纪 80 年代中期，出现了可应用到游戏和仪器领域的小型氢化非晶硅 TFT LCD，例如 5 英寸显示器[13]。20 世纪 80 年代后期，星电公司向苹果电脑公司提供了黑白 TFT LCD 板。不过，第一批大型彩色 TFT LCD 屏即 10.4 英寸 VGA（分辨率 640×480）板是由 IBM 和东芝的合资企业 DTI（显示技术有限公司）生产的。如今，我们已经研发出了各种平面屏幕电视和计算机监视器，部分示例参见图 6.9[13]。

技术互相作用带来不同应用的过程是个很有趣的研究课题。为什么非晶硅装置在显示器领域大获成功，但却未广泛用于大规模发电项目呢？答案在于经济问题。一台 40 英寸平面屏幕电视可以卖 400 美元（包括毛利）。其面积约为 4450 平方厘米，一块效率为 10% 的非晶硅光伏板每百平方厘米可产生 1 W 能量。而 40 英寸电视大小的非晶硅光伏板能够生成 44W 能量，如果以每瓦 0.5

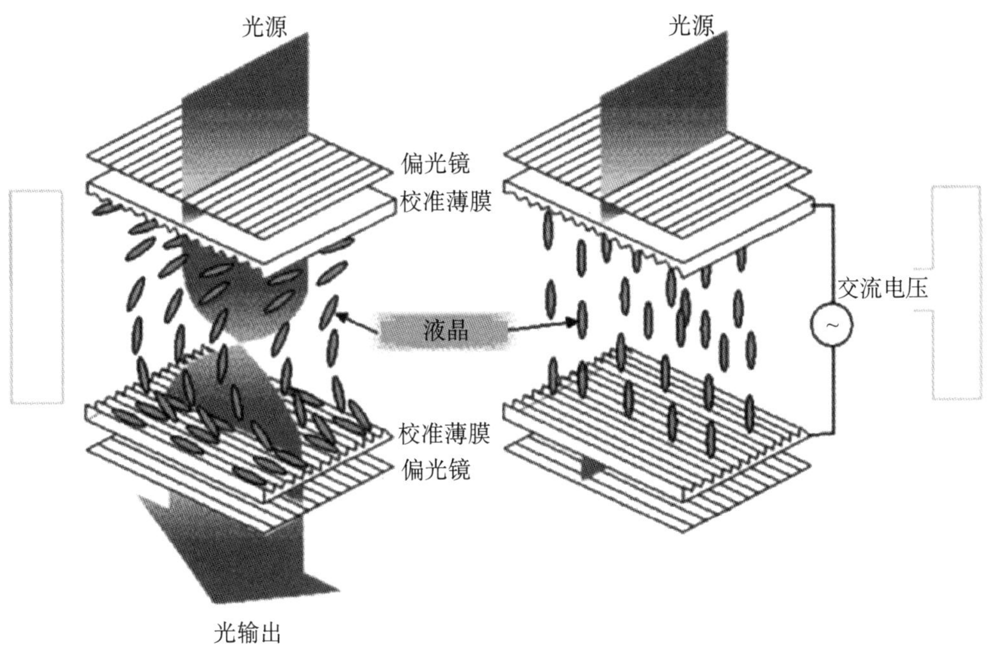

图 6.6　液晶显示屏的原理[10]

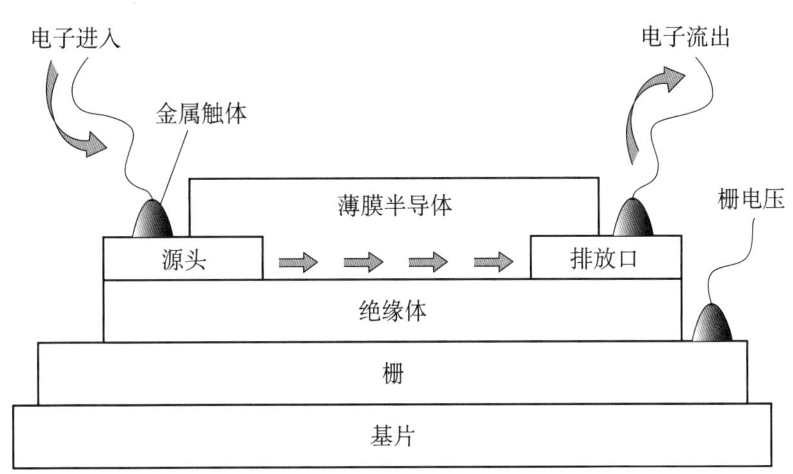

图 6.7　薄膜场效应晶体管[12]

美元计算，出售价应为 22 美元。这就解释了非晶硅在显示器领域占主流地位的原因。

从上文得出的结论是光伏组件的转化效率非常重要，这也就是为什么来自非晶硅光伏组件（图 6.4）生产厂商三洋的田中等人发明了 HIT 硅太阳能电池[14、15]

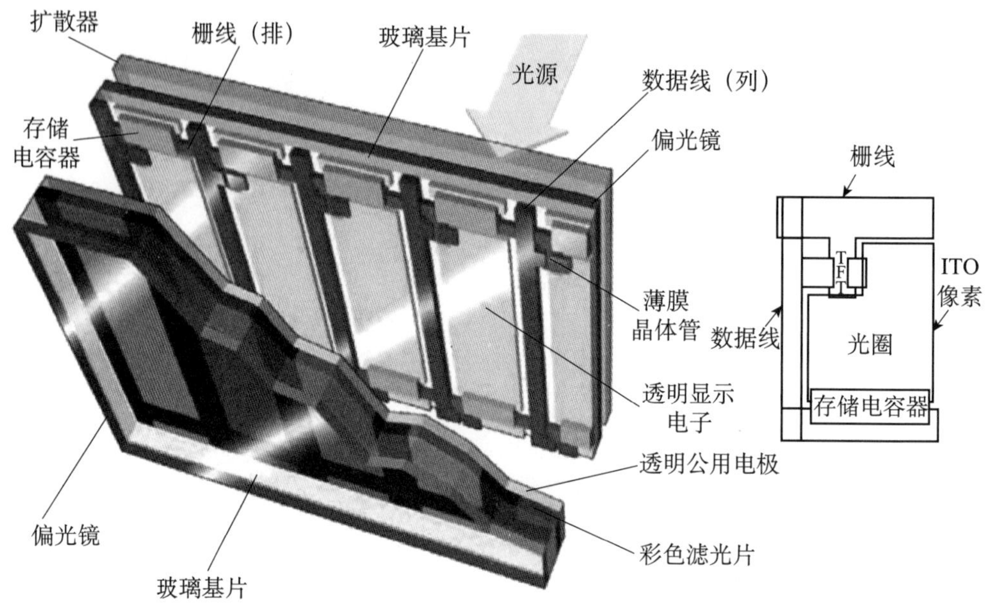

图 6.8　大面积非晶硅薄膜晶体管多彩液晶屏[13]

（图 6.10）。通过在单晶硅片前后加载非晶硅层，三洋推出了[14、15]转化效率达 22% 的太阳能电池。

图 6.9　液晶彩色电视[13]

太阳能光伏组件的转化效率非常重要的另一原因在于其他发电限制。大型公共设施光伏场，包括土地、组件支持结构和安装劳力成本等各种补偿系统（BOS）成本，这样一来，成本降低了 10% 的组件便不足以承担 BOS 成本。在住宅太阳能系统方面，在一定的房顶面积条件下，系统效率越高，生成的电量越多。这也就是为什么第一太阳能公司同时作为 CdTe 薄膜组件的供应商和 2009 年最大的薄膜太阳能组件的供应商，并未推出针对住宅用途的薄膜光伏组件，而是为制造和出售效率达 21% 的单晶硅光伏组件购入了 TetraSun[16]。

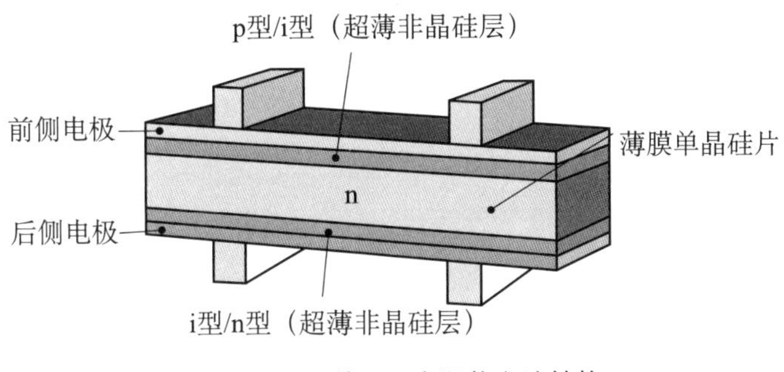

图 6. 10　三洋 HIT 太阳能电池结构

参考文献

[1] L. Fraas, L. Partain, *Solar Cells and Their Applications.* 2nd edn. , Chap. 6 (Wiley, Hoboken, 2010)

[2] L. M. Fraas, J. Avery, J. Gee et al. , Over 35% efficient GaAs/GaSb stacked concentrator cell assemblies for terrestrial applications, in *Proceedings of the 21st IEEE PV Specialist Conference*, Kissimmee, Florida, p. 190 (1990)

[3] L. M. Fraas, R. C. Knechtli, Design of high efficiency monolithic stacked multijunction solar cells, in *Proceedings of the 13th IEEE Photovoltaic Specialist Conference.* Washington DC, p. 886 (1978)

[4] http://www. pv-magazine. com/investors/module-price-index/#axzz2yzMShhzm

[5] http://www. photovoltaic-production. com/5450/rise-and-fall/

[6] D. E. Carlson. C. R. Wronski, Amorphous silicon solar cell. Appl. Phys. Lett. 28. 671 (1976)

[7] http://www. vintagecalculators. com/html/calculator_ time-line. html

[8] http://en. wikipedia. org/wiki/Eco-Drive

[9] http://us. sanyo. com/Dynamic/customPages/docs/solarPower_ Amorphous_ PV_ Product_ Brochure%20_ EP120B. pdf

[10] J. Grinberg, A. Jacobson, W. P. Bleha, L. Miller, L. Fraas, D. Bosewell. G. Meyer, Reflective direct-view and projection displays using twisted-nematic liquid crystal cells. Opt. Eng. 14, 217 (1975) [AIP citation]

[11] P. G. LeComber, W. E. Spear, A. Ghaith, Electron. Lett. 15, 179 (1979)

[12] http://www.nature.com/nature/journal/v428/n6980/fig_ tab/428269a_ F1.html

[13] http://www.eleclrochem.org/dl/interface/spr/spr13/spr13_ p055_ 061pdf

[14] M. Tanaka et al., Development of new a-Si/c-Si heterojunction solar cells: ACJ-HIT (artificially constructed junction-heterojunction with intrinsic thin-layer). Jpn. J. Appl. Phys. 31, 3518-3522 (1992)

[15] http://www.panasonic.com/business/pesna/includes/pdf/Panasonic%20HIT%20240S%20Data%20Sheet-1.pdf

[16] http://www.greentechmedia.com/articles/read/First-Solars-Quiet-Reveal-of-Its-TetraSun-High-Efficiency-Silicon

第七章 聚光太阳能电池系统简介

过去几年，通过批量生产，采用标准硅太阳能电池模块的太阳能发电已使发电成本大幅降低。美国国家可再生能源实验室（NREL）的一项最新研究表明，目前，200 MWP 左右的直流固定式公用事业规模地面发电系统的成本约为 3.80 美元/WP DC。在未享受政府补贴的洛杉矶，折合电价约为 18 美分/kWh。NREL 预计，随着光伏发电技术的不断发展，截至 2020 年，电价有望降至 1.71 美元/WP DC（或 8 美分/kWh）。本节探讨了面临的技术创新机遇，通过技术创新有望将发电成本降至 5 美分/kWh。所有这些技术创新均涉及对太阳的跟踪，以实现更高的电池效率，并提高太阳能光伏模块的阳光入射率。本节还探讨了单轴和双轴太阳能跟踪聚能系统，并提出了一项革命性的创新思路，即在太阳同步晨昏极轨道空间使用反射镜，在清晨和黄昏向分布于全球各地的太阳能发电厂提供阳光，将发电场每天的日照时数从 8 小时增至 14 小时。

7.1 概 述

太阳能如此吸引人是有着根本原因的，太阳会继续存在几百万年，而碳氢燃料会越用越少。此外，二氧化碳（CO_2）水平增加，也会给气候带来危害。但是，太阳能利用的现实问题是如何持续降低成本。能源费用的衡量就是简单地以每千瓦时几分钱为标准的，技术上来说，就是能源的平准化成本，或者简单记做 LCOE。

电力研究院建立了如下公式（1）来计算 LCOE，表 7.1（摘自［2］）中定义了公式中的各个参数

$$L = (1 + r)(C_m + C_b)F/\eta_s Sh_a + (1 + r)C_iF/h_a + \text{O\&M} \quad (1)$$

公式复杂，但是有趣，这是因为它揭示了在降低光伏系统成本过程中，需要结合多个方面的努力。降低成本不仅仅关乎硬件成本，像光伏组件成本 C_m、逆变器成本 C_i，还关乎安装硬件成本 C_b，这些成本都会随着量产降低。但是，还有其他一些成本，系数（1 + r）与许可证和法律合同相关，系数 F 和财政补贴相关。最后，我们最好将系统安装在日照充足（S）的地区，虽然在这样的地区维护成本可能比较

表 7.1　电力平准化成本的定义[2]

9 个关键变量：
1. n_s = 光伏系统转化效率
2. C_m = 光伏组件成本（美元/m^2）
3. C_b = 平衡系统单位面积的成本（包括安装）（美元/m^2）
4. S = 站点特定的太阳能强度（kW/m^2）
5. h_a = 光伏系统每年工作时长（持续跟踪）
6. C_i = 变频器成本（美元/kW）
7. F = 固定费率（初始投资转化成年化率）
8. r = 间接费率（许可，NRE）
9. 定期保养

低，但是依然会有运营维护支出。

那么，当今的太阳能利用现状是什么样子呢？今天，最基本的太阳能电池技术是利用晶体硅太阳能组件，将晶体硅组件安装在家庭屋顶上或太阳能场中，并以固定斜角朝向南方（对北半球地区而言）。

图 7. 1a 所示为，针对两个不同地区的基本晶体硅家庭太阳能系统所做的具有代表性的成本分析[3]。可以看出，在没有财政补贴的情况下，太阳能发电的成本依然很高。然而，如图 7. 1b 所示，近年来有财政补贴的情况下，2013 年年初，世界范围内的太阳能发电的装机容量已经达到 100 GW。

回到公式（1），其中有两个非常重要的项，会在基础层面影响到未来的太阳能发电成本的降低。研究表明，电池效率和系统效率 η_s 可以提高到远高于目前的水平，而且，太阳跟踪系统的采用也使延长有效日照小时数 h_a 成为可能。

7. 2　为什么要跟踪太阳?

图 7. 1a 所示为家庭屋顶太阳能系统的成本分析。普通大众对家庭屋顶太阳能系统最为熟悉。然而，较大的太阳能系统，例如商业太阳能系统、工业太阳能系统以及公用太阳能场系统，成本更低，这是因为较大的系统受到许可、财政以及安装成本的影响较小。现在，在欧洲[4]，家庭太阳能系统占到整个太阳能光伏市场的 21%，而商业太阳能系统、工业太阳能系统以及公用太阳能场系统占据了剩余的 79% 的市场份额。未来，预计美国家庭太阳能市场和公用太阳能场系统份额会大体相当[4]。

小型住宅太阳能系统平装于屋顶上，而大型太阳能电场装置可安装于太阳跟踪器上以跟踪太阳，这也为太阳能系统改进和潜在的平准化发电成本削减提供了若干

(a)

太阳能电网平价分析所做假设

家庭太阳能系统
安装成本为$4.00/瓦特
5%的资本成本，80%的资金支出
5%的折扣
3%的通膨
25年的项目寿命
每年运营成本为安装成本的1%
太阳辐射输出是基于国家可再生能源实验室的PVWatts计算器中的当地太阳照辐射量数据。
太阳辐射输出每年衰减0.5%

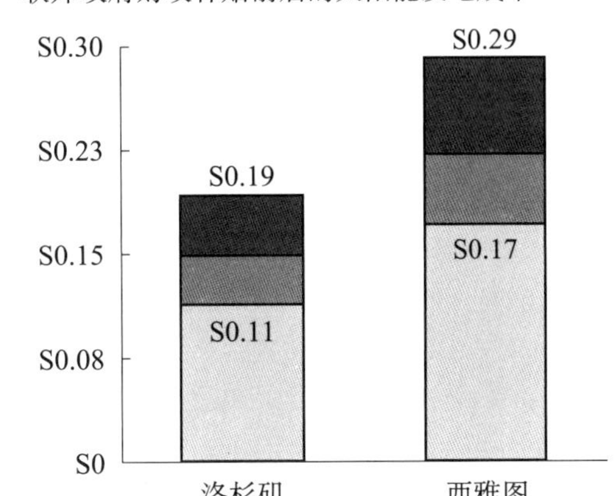

(b)

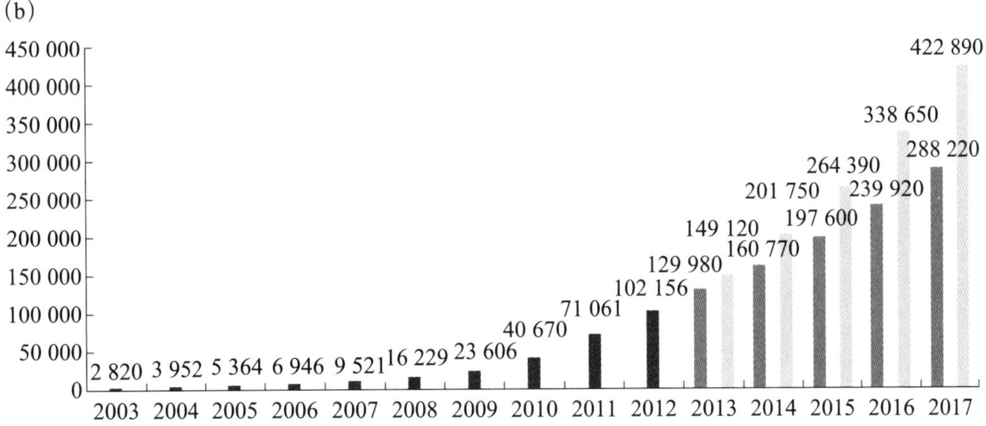

EPIA政策鼓励
EPIA常规运营
历史数据

图 7.1　a 针对洛杉矶和西雅图太阳能资源现状，给出的将现今家庭太阳能安装价格与均化发电成本（LCOE）关联起来的经济假设实例[3]。蓝色部分和绿色部分是联邦政府补贴和州府补贴，b 为至 2017 年，全球政策鼓励和常规运营光伏发电累计装机容量假设[4]，纵坐标为累计全球光伏发电装机容量（MW）。

机会。比如，仅仅通过跟踪太阳（而不只是在中午朝向太阳），可以增加年日照小时数，即等式（1）中的 h_a。其次，通过使用较低成本的塑料透镜或铝反射镜作为太阳光收集器，将太阳光集中在较小型高效电池上，可大大提高系统效率，即等式（1）中的 η_s。比如，现在已有 44% 多接面太阳能电池[5]。以下章节段落中将对这些机会进行详细描述。

图 7.2 所示为使用平面硅组件的跟踪系统示例，图 7.3 所示为太阳跟踪最直接

图 7.2 SunPower 单轴 T20 太阳能跟踪系统[6]——
图中所示为 Mosca. CO 的 Greater Sandhill 太阳能电站

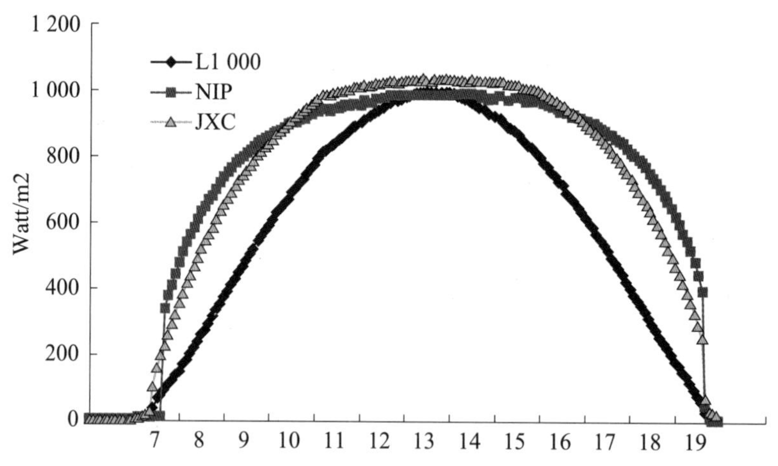

图 7.3 拉斯维加斯晴天条件下固定倾斜太阳能组件（蓝色）、直接式普通双轴太阳能跟踪系统（粉红色）与太阳能单轴跟踪组件（黄色）[7]获得的太阳能资源对比图

的好处。图 7.2 显示安装在 SunPower T20 单轴跟踪器[6]上的 19% 高效 SunPower 组件。此图中，可以看到安装在多个平行的南北朝向梁上的组件，梁的安装角度与水平面呈 20°角（倾斜）；也可看到安装在基座上的驱动电机以及允许组件在一天中从东到西追踪太阳的连接驱动梁。

图 7.3 所示为拉斯维加斯一天中跟踪太阳[7]的最直接好处。根据拉斯维加斯美国可再生能源实验室（NREL）太阳能资源手册[8]，固定倾斜系统、单轴跟踪系统和双轴跟踪系统的可用年太阳能小时数 h_a 分别为 2372 小时、3212 小时和 3321 小时。本例中，单轴跟踪系统的太阳能小时数增加了 35%。将来，单轴跟踪[9]的预估新增成本为 10 美分/瓦特。根据 NREL 最近一项研究[10]，如今，大约 200 MWP DC 固定轴式公用事业级地面安装系统的成本大约为 3.80 美元/WP DC。随着技术的发展，NREL 预计到 2020 年，价格可能跌至 1.71 美元/ WP DC。即使将来价格为 1.71 美元/瓦，仅仅多付出 6% 的成本（即 10 美分/瓦）便可多获得 35% 的日照小时数。

太阳能跟踪系统如今已在 2MW 以上的平板太阳能电池板公用设施领域占据了主导地位。实际上，根据法维翰咨询公司（向建筑行业提供科技专业知识等业务）的首席分析师 Paula Mints 等太阳能专家的预测，到 2012 年，至少 85% 的工业设备将使用跟踪系统。图 7.4 也支持这一预测[11]。

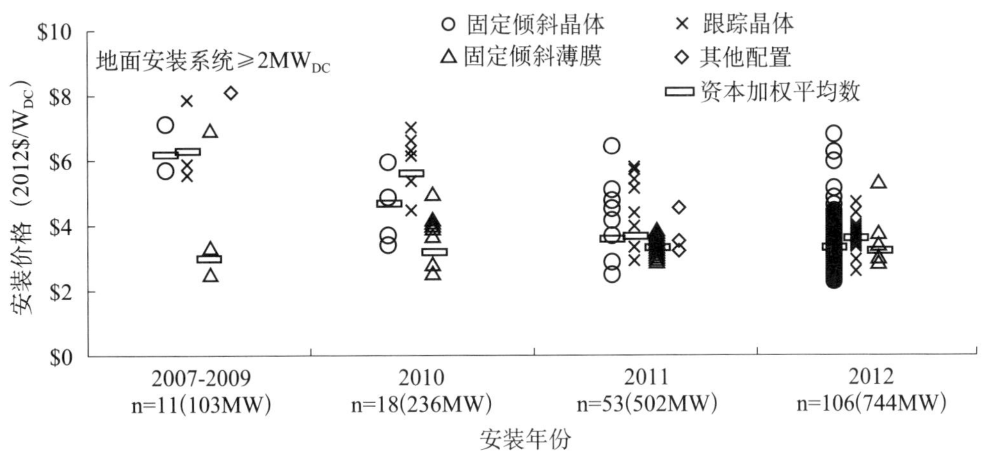

图 7.4　固定倾斜系统与单轴跟踪太阳能光伏装置的安装价格趋势

根据图 7.4 可知，2012 年固定式倾斜和跟踪系统的平均装机价格分别为每瓦 3.30 美元和 3.60 美元，虽然价格差异仅为 10%，但是在阳光充足的位置，跟踪系统比固定式倾斜系统每千瓦时的优势比例高出 35%。

7.3　单轴跟踪系统

JX Crystals 公司在 2003 年表示，可以在低聚光（3 倍阳光）太阳能模块中配备铝反射镜和单轴跟踪系统，从而提高硅光电池的效率。随后，该公司利用 SunPower

公司生产的电池，通过图7.5所示的100 kW太阳能发电装置[12]成功证明了这一点。SunPower对这一理念表示赞赏，并继续设计与制造了C7低聚光系统[13]，如图7.6 a和7.6 b所示。C7系统目前使用的电池的转换效率为24%。SunPower公司目前正在销售用于兆瓦级太阳能电站的C7系统（价格比采用平面硅光电池的系统低10%），并与一家中国公司合作建设一个1 GW太阳能电站。

图7.5　JX Crystals公司于2006年在中国投产的低聚光（3倍阳光）太阳能模块[12]

图7.6a和7.6 b　SunPower公司于2011年推出的单轴低聚光C7光伏发电系统[13]

因此，LCOE仍有降低的空间。然而，不利的是，太阳能光伏系统只能在有阳光照射的条件下发电，日落之后就无法工作，而电力部门的高峰用电需求会一直持续到夜晚。解决这一问题的一种方案是使用抛物面槽式反射镜和直线追踪器，将阳光聚集到导热油管道上，如图7.7所示。被加热的导热油汇集到一个中央位置，用于生成蒸汽，驱动汽轮发电机。这种聚光太阳能发电（CSP）系统的一项优势是在没有阳光的情况下，可以利用天然气来产生蒸汽发电[14]。目前有许多此类太阳能发电系统（SEGS）正在运行。

图7.5、7.6和7.7所示的太阳能发电装置都采用简单的单轴跟踪器，但反射镜

图 7.7　位于阿布扎比的 100 MW 槽式反射镜聚光太阳能发电系统

的宽度有很大差异。SEGS 使用的反射镜的开口宽度一般为 5 到 6 米，而光伏系统反射镜的开口宽度在 0.15 到 0.35 米之间。几种装置的聚光比也有很大不同，低倍聚光光伏（LCPV）系统的聚光比为 3 ~ 7，而 SEGS 的聚光比则高得多。开口宽度和聚光比有差异的原因在于不同的运行温度要求，光伏电池的一般运行温度约为 50 ℃，而 SEGS 的运行温度在 375 ℃ 左右。两种系统的转换效率接近，SEGS 为 15 %，LCPV 为 20 %。

7.4　双轴跟踪系统

如果使用转换效率为 44% 的多结电池，而不使用图 7.5 所示 LCPV 系统中转换效率为 24% 的高效晶硅电池，那么太阳能光伏系统的系统效率（等式 1 中的 η_s）可以大幅度提高，但是多结电池价格非常昂贵。此外，为了使用较为昂贵的多结电池，需要配备聚光度更高的点聚焦透镜或反射镜，而这就要求使用双轴太阳跟踪器。

图 7.8a 所示为一个高聚光光伏（HCPV）系统模块，图 7.8b 所示为安装在双轴跟踪器上的 HCPV 模块阵列。图 7.8a 中的模块由 Fraunhofer 在德国设计[15]，生产厂家为 Soitech 公司[16]。目前有多家公司可以供应 HCPV 模块和阵列。Amonix 公司是其中的一家具有开拓性的 HCPV 公司，已经在 Alamosa 建设了一个 30 MW 太阳能电站[17]，如图 7.9 所示。Amonix 所生产 HCPV 模块的转换效率目前已达到 35 %。

图 7. 8a 和 7. 8b　Fraunhofer 和 Soitech 公司开发的菲涅耳透镜高倍聚光光伏（HCPV）发电模块与阵列，电池效率为 40%[15、16]

图 7. 9　30 MW 太阳能电站中的 HCPV 阵列。这一技术由具有开拓性的 Amonix 公司开发[17]

还可以在 HCPV 系统中使用反射镜，JX Crystals 和 Solfocus 公司已经证明了这一点[18]。图 7. 10a 和 7. 10b 分别显示了 Solfocus 公司生产的 HCPV 模块和由该模块组成的阵列。世界第一台转换效率达到误差为 ± 2% 的 34% 的 HCPV 模块[19]由 JX Crystals 公司于 2006 年开发，所采用的反射镜原型如图 7. 11 所示。图 7. 11 所示的模块性能参数在表 7. 2 中列出[19]。

上述所有 HCPV 系统的聚光比均在 500 到 1000 之间。某些 HCPV 厂家生产的系统已经成功用于兆瓦级太阳能电站，但发电量仍然远低于 100 MW/年，这说明其装机成本仍然高于平面硅光电池太阳能电站。

上述系统的复杂程度比 LCPV 系统高，但这些系统一旦进行大批量生产，就会拥有巨大的发展潜力。

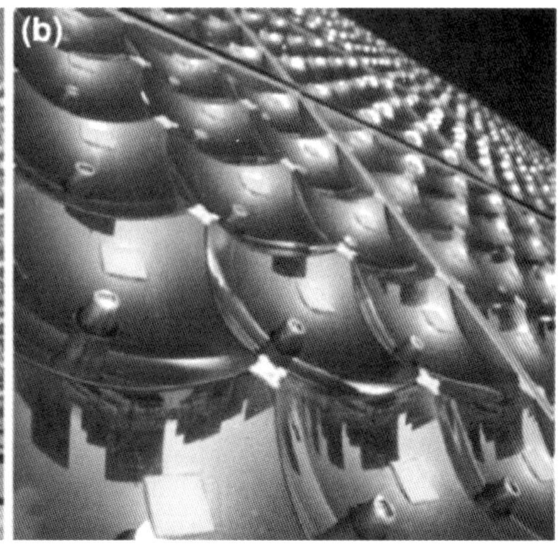

图 7.10　HCPV 系统可以使用镜片[18]（如索福克斯所示）

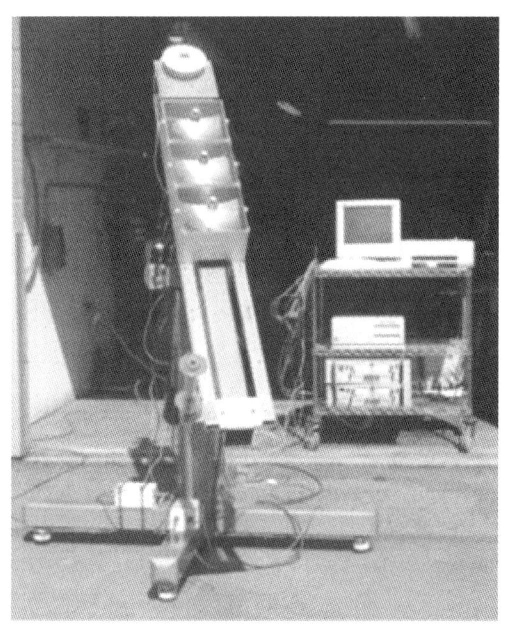

图 7.11　JX Crystals 在 2006 年推出的标准测试条件下效率达到 34% 且在工作温度下室外组件效率达到 31% 的标准聚光光伏组件

7.5　太空太阳跟踪革新概念

前面的章节中重点强调了降低太阳能发电成本这一目标（即通过改变方程 1 中的 $\eta_s Sh_a$ 项来减小 L 的数值）。对于更高效的太阳能电池，η_s 的数值会增大，而当通过跟踪太阳延长日照时数之后，h_a会随之增加。然而，太阳能夜间发电仍然是个问题。第十二章将讨论通过增加大型光伏（PV）太阳能发电厂的日照时长（从传统的8小时/天延长到14小时/天），在夜间同样提供阳光。这一想法有望通过在太空晨昏轨道上使用反射镜跟踪太阳来实现（原理图见图7.12）。这一概念不仅能够减小L，增加日照时长，还能够为光伏电站在夜间提供阳光，进而使得太阳能发电成本降低到5美分/kWh。

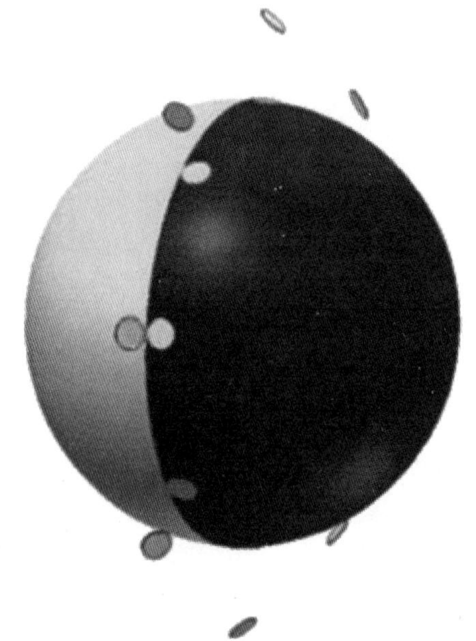

图7.12　图示地球为球体，黑色表示夜晚，黄色表示白天。顶部表示北极。晨昏两极太阳同步轨道上的反射镜可以在凌晨和深夜时段让光束偏折进入太阳能发电场

表7.2　图7.11所示标准聚光光伏组件的性能概况

	在STC条件下的组装电池	在STC条件下光学效率达90%	工作温度下的测量结果（4月28日）	在STC条件下测量组件（4月28日）
DJ电池功率（瓦）	17.4	15.7	14.4	15.1
DJ电池效率（%）	31.5	28.4	26.1	27.3
红外能电池功率（W）	3.64	3.28	2.6	3.1
红外能电池效率（%）	6.6	5.9	4.7	5.6
总功率（W）	21	19	17	18.7
总效率（%）	38.1	34.3	30.8	32.9

其中，NIP DNI = 0.92；面积 = 600 cm^2；输入功率 = 55.2 W

如图7.13所示，空间反射镜在早晚分别向太阳能电站额外提供3个小时的太阳能。

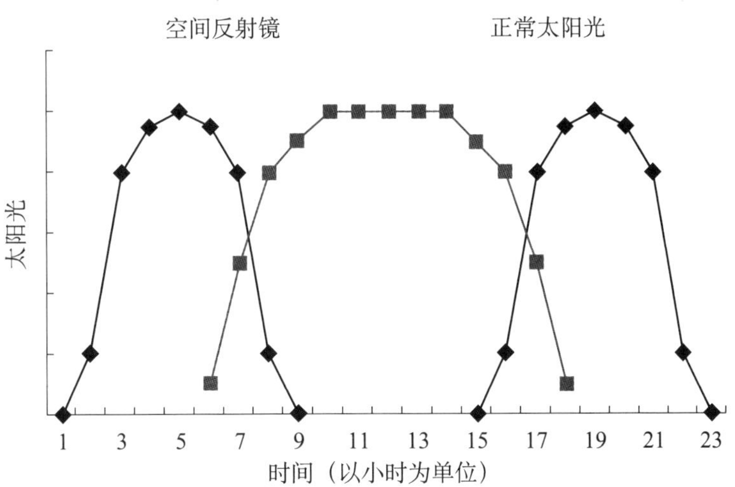

图 7.13　如图 7.12 所示，晨昏轨道上的空间反射镜能够早晚各延长三个小时的太阳能供应时间。可与图 7.3 比较

太空业内人士一直希望能通过在太空中使用反射镜跟踪太阳来实现全天 24 小时太阳能发电。如图 7.14a 所示，Krafft Ehricke 博士[20]在 1978 年首次提出通过在太空中安置反射镜将阳光反射到地面太阳能电站的想法。美国国家航空航天局提出了另一种方法，即使用集成对称聚光系统—太空太阳能发电卫星（ISC-SPS）[21]（如图 7.14b 所示）。然而，这两种方法都存在一定的问题。

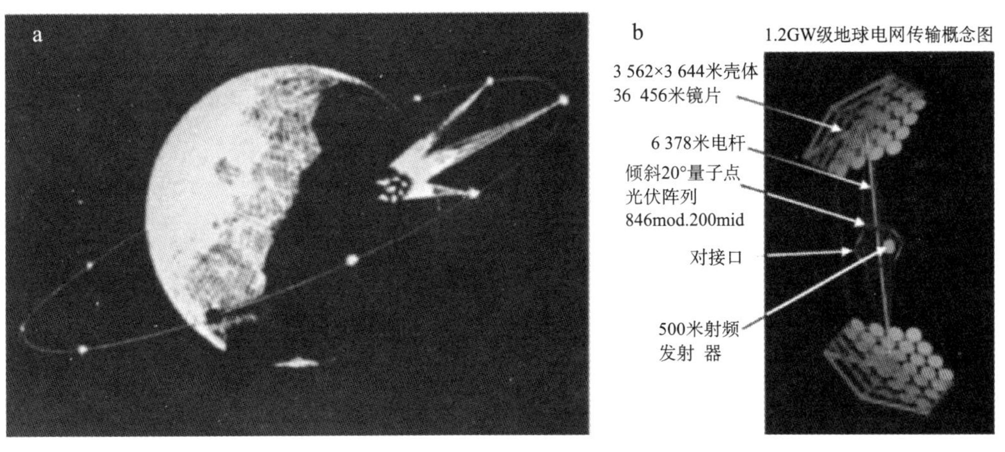

图 7.14　a 1978 年，Kraft Ehricke 博士针对全天候地面太阳能发电提出了空间反射镜 Power Soletta 的概念[20]

b 美国国家航空航天局集成对称聚光系统—太空太阳能发电卫星概念[21]

低成本太阳能发电

按照ISC-SPS概念，在距地球35800 km的地球同步轨道上的卫星上安置太阳追踪反射镜（GEO），吸收日光并将吸收到的日光照射到卫星上的太阳能电池上，太阳能电池将电能转换成微波束，微波束再直射到特定的地面发电站再次转化为电能。这一概念中涉及多个能量转换过程，装置将会过于复杂和昂贵。

相比之下，Ehriche的Power Soletta概念因为简单而更有吸引力。Ehricke提出，在海拔4200 km的轨道上建立反射镜卫星群，将光束传输到位于西欧的一个面积为1200 km^2的地面站。从概念上来说，相比将太阳能在太空转化为电能再通过微波束传输回地球，进而将微波束再次转化为电能的想法，偏转日光到地球上再转化成电能这一想法要简单得多。但Power Soletta反射镜概念最关键的物理限制是从地球观察到的日面的大小。日面弧度为10mili就会导致光束发散。对于距离地球上方4200 km的轨道上的反射镜来说，光束发散会在地球上产生一个直径为42 km的太阳光斑，对应的面积为1200 km^2。假设一个1200 km^2的太阳能场以15%的生产效率发电，那么意味着需建立一个180GW的中心发电站。这一规模太大，且存在许多分配问题。

GEO和Power Soleeta轨道离地距离都很大，这是为了避免地球阴影以及保持全年每天24小时的日照时长。图7.12为另一种通过太空反射镜装置全年每天24小时偏转阳光到地球的设计。这一设计是基于独一无二的晨昏太阳同步极地轨道。这一方案是在距离地球1000 km[22、23]的近地轨道星群内以99°倾角（偏离NS平面9°）安置一个轻量级反射镜阵列（定日镜）卫星。

据King-Hele和Merson于1958年的计算[24]，由于地球略呈椭圆，卫星轨道平面将以一定的速度（该速度取决于轨道倾斜角）缓慢旋转，事实证明确实如此。对地球的进一步观察发现，倾斜角达99°的卫星轨道平面在近极地轨道上运转的速度接近每天1°，这样卫星轨道平面将全年始终保持与太阳光线垂直。这是一个非常有用的太阳同步轨道。1963年，美国军方首次在国防气象太空计划中利用了这一轨道，使用了第一台太阳同步卫星[25]。如今，已有无数卫星在晨昏太阳同步轨道运转，用于天气预报、地球科学调研和侦查等用途[26]。图7.15显示了位于晨昏轨道上的部分卫星。

让我们重新回到空间反射镜这一概念（即通过空间反射镜把光束从太空传至地面太阳能发电场）。根据空间反射镜概念，反射镜卫星能够使光束发生偏转，从而照射到分布在全球主要人口聚集地附近的一系列太阳能发电站。这些太阳能光伏或槽式CSP地面站早已建成。假设40个这样的发电站能够在以后每10年生成5 GW

图 7.15　晨昏轨道上的卫星：a. DMSP[25] 卫星　　b. GeoEye[26] 卫星

的电量，如图 7.13 所示，那么这些地面站点使用空间反射镜后，收集到的太阳能会从 8 千瓦时/（平方米/天）增加到 14 千瓦时/（平方米/天），增加的 6 千瓦时/（平方米/天）在凌晨和深夜时段生成。

MiraSolar 卫星群构型带来了一些立竿见影的好处。首先，由于海拔较低，当前的地面受照光斑直径仅为 10 千米，比 Ehricke Power Soletta 构型中直径达 42 千米的光斑要小得多。而且，由于现在每个反射镜阵列卫星都需要达到相当于日光的太阳辐射强度，这些反射镜阵列卫星的面积相当于 5 × 15 千米 ISC NASA SPS 卫星的面积（75 km^2）。与 Power Soletta 构型中 180 GW 的发电站容量相比，如今地面发电站的容量仅为 5 GW 左右。

现在假设位于世界各地的地面太阳能发电站都能使用这一反射镜卫星群，根据图 7.1b 推断，未来 10 年世界上的太阳能发电量将超过 900 GW。当然，未必所有的太阳能发电都是发生在中心发电场，不过假设中心发电场的发电量能够达到 300 GW，那么将会有 300/5 = 60 个太阳能地面发电站。这些地面站将位于阳光充足的人口聚居地附近。现在假设在地球旋转的 24 小时内，在 60 个未来地面站中选出 40 个发电站（根据当日天气）在凌晨和傍晚时段接收额外的光束能量。这一理念的亮点在于其诱人的经济效应。额外的太阳能能够把地面站的太阳能发电成本降低至每千瓦时不到 6 美分。产生这一诱人的经济效应的原因是反射镜始终处于阳光照射的环境中，可以不间断使用，而且轻量反射镜也降低了移动到低地球轨道（LEO）的运输成本。

虽然这一理念有些异想天开，但是随着各方面的不断发展，我们离这一伟大的设想越来越近。比如，这一理念的实现需要进一步研发空间反射镜，而 L'Garde 和

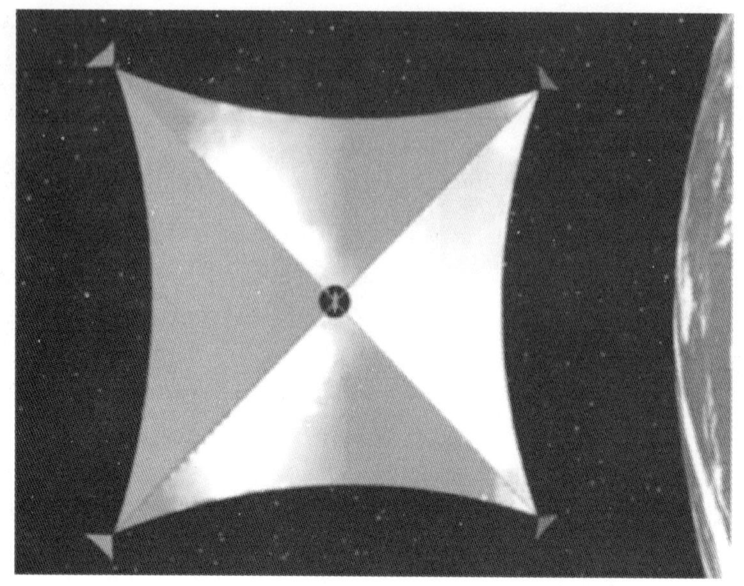

图 7.16　L′Garde 计划于 2015 年发射的 10000 m^2Sunjammer[27] 太阳帆船重达 20 g/m^2

美国国家航空航天局正在研发一种太阳帆船，计划 2015 年进入太空。这艘太阳帆船相当于图 7.16 所示的空间反射镜。要想调整偏转光束就必须旋转这些反射镜，而通过国际空间站的控制力矩陀螺能够调整反射镜的瞄准角度。此外，还需要降低使反射镜进入轨道的发射成本，而 SpaceX 正在积极研发可重复使用的低成本火箭[28]。

本书第十二章还将进一步阐释这一空间反射镜理念。

7.6　小　结

在家庭太阳能系统和公用太阳能领域，标准固定式倾斜硅组件市场正处于稳步发展阶段，但是我们仍有机会改进技术，显著降低成本。我们可以直接增加单轴跟踪器，也可采用双轴跟踪器提升系统效率，进而大幅提高太阳能产量以供大型太阳能发电场使用。此外，通过空间反射镜和地面太阳能发电场，提高凌晨和傍晚时段的太阳能利用率，能把太阳能发电价格降低至每千瓦时 6 美分以下。然而，这些方案的实行还需政策和财务上的大力支持。

参考文献

[1] F. R. Goodman Jr. et al, in *Solar Cells and Their Applications*, 1st edn., Chap. 16, ed. by L. Partain (Wiley, New York, 1995)

[2] L. Fraas, L. Partain, *Solar Cells and Their Applications*, 2nd edn., Chap. 26 (Wi-

ley, New York, 2010)

[3] J. Farrell, http://www.renewableenergyworld.com/rea/blog/post/2013/07/solar-costs-and-grid-prices-on-a-collision-course? cmpid=SolarNL-Thursday-July11-2013

[4] Global Market Outlook for Photovoltaics 2013—2017, European Photovoltaic Industry Association, Editor Craig Winneker, http://www.epia.org/fileadmin/user_upload/Publications/GMO_2013_-_Final_PDF.pdf

[5] J. Allen, V. Sabnis, M. Wiemer, H. Yuen, 44%-Efficiency triple-junction solar cells, in *Proceedings of the 9th International Conference on Concentrator Photovoltaic Systems*, Miyazaki, Japan, 15 April 2013

[6] T20 Single Axis Solar Tracker by SunPower, http://us.sunpowercorp.com/commercial/products-services/solar-trackers/T20/

[7] Data collected by JX Crystals Inc in Las Vegas at UNLV

[8] Solar Radiation Data Manual for Flat-Plate and Concentrating, http://rredc.nrel.gov/solar/pubs/redbook/

[9] L. Fraas, L. Partain, *Solar Cells and Their Applications*, 2nd edn., Chap. 9 (Wiley, New York, 2010)

[10] A. Goodrich, T. James, M. Woodhouse, Residential, Commercial, and Utility-Scale Photovoltaic (PV) System Prices in the United States: Current Drivers and Cost-Reduction Opportunities, Technical Report NREL/TP-6A20-53347, February 2012

[11] G. Barbose, N. Darghouth, S. Weaver, R. Wiser, Tracking the Sun VI: An Historical Summary of the Installed Price of Photovoltaics in the United States from 1998 to 2012, July 2013, http://emp.lbl.gov/sites/all/files/lbnl-6350e.pdf

[12] L. Fraas, L. Partain. *Solar Cells and Their Applications*, 2nd edn., Chap. 12 (Wiley, New York, 2010)

[13] The SunPower C7 Tracker: The Power of 7 Suns, the Lowest LCOE. https://us.sunpowercorp.com/.../the-sunpower-c7-tracker-the-power-of-7-suns-t

[14] https://en.wikipedia.org/wiki/Solar_Energy_Generating_Systems. Accessed 18 Oct 2011

[15] L. Fraas, L. Partain, *Solar Cells and Their Applications*, 2nd edn., Chap. 14 (Wiley, New-York, 2010)

[16] Soitec—Soitec CPV solar technology for hot, dry regions, www. soitec. com/en/products-and-services/solar-cpv/

[17] CPV Technology from Amonix, Pioneers in Multijunction Cells and. ... www. amonix. com/ content/cpv-technology

[18] L. Fraas, L. Partain, *Solar Cells and Their Applications*, 2nd edn. , Chap. 15 (Wiley, New York, 2010)

[19] L. Fraas, J. Avery, H. Huang, L. Minkin, E. Shifman, Demonstration of a 33% efficient cassegrainian solar module, in *Proceedings of the 4th World Conference on Photovoltaic Energy Conversion*, Ha waii, May 2006

[20] K. A. Ehricke. The extraterrestrial imperative, www. airpower. maxwell. af. mil/airchronicles/ aureview/.../ehricke. html

[21] H. Feingold, C. Carrington, Evaluation and comparison of space solar power concepts, in *Proceedings of the 53rd International Astronautical Congress*, 2002

[22] L. M. Fraas, Mirrors in space lor low cost terrestrial solar electric power at night, in Proceedings *of the 38th IEEE Photovoltaic Specialists Conference (PVSC)*, 3-8 June 2012, http://jxcrystals. com/publications/PVSC_ 38_ Manuscript_ Fraas_ 5-9-12. pdf

[23] L. Fraas, A. Palisoc, B. Derbes, Mirrors in dawn dusk orbit for low cost solar electric power in the evening, AIAA paper 2013-1191, in *Proceedings of the 51st Aerospace Sciences Meeting*, Grapevine TX, Jan 10 2013, http://jxcrystals. com/publications/Mirrors_ in_ Dawn_ Dusk_ Orbit_ AIAA_ Tech_ Conf_ Final_ 2013. pdf

[24] D. King-Hele, R. H. Merson, J, Br. Interplanet. Soc. , 16, 446 (1958)

[25] http://en. wikipedia. org/wiki/Defense_ Meteorological_ Satellite_ Program

[26] http://www. satimagingcorp. com/satellite-sensors/geoeye-2/

[27] http://www. lgarde. com/papers/2003-4659. pdf

[28] http://en. wikipedia. org/wiki/SpaceX_ reusable_ launch_ system_ development_ program

第八章　效率高达40%的多结太阳能电池的发展历程

在这一章，我会从行业领军人物其中一员的角度阐述高效多结太阳能电池的发展历程。在这一过程中，具有标志性意义的重大事件包括：

（1） Fraas 和 Knetchli[1]首次在理论上描述了预计以 300 倍聚光实现 40% 转化率的 InGaP/GaInAs/Ge 电池。

（2） Fraas 等人[3]首次展示了效率高达 35% 的 GaAs/GaSb 双结电池。

（3） RR King 等人[17]首次展示了效率高达 40% 的 InGaP/GaInAs/Ge 电池。

（4） Fraas 等人[2]首次展示了效率高达 34% 的聚光光伏组件。

8.1　概　述

1989 年，我的团队在波音高科技中心首次展示了效率高达 35% 的 GaAs/GaSb 双结电池[3]，但其实在这前后发生了很多事情。因此，我将按照时间先后顺序讲述这一段亲身经历，希望读者对我讲述的故事感兴趣。同时，这也是一个向在此期间做出突出贡献的众多（虽然不是全部）工作人员表示感谢的机会。随着故事的展开，我还将就理解Ⅲ-Ⅴ族太阳能电池需要的几个关键技术概念展开讨论。这些年来，我们工作的重点从概念转移到具体材料再到学习如何改进材料，从替代器件设计转移到根据不同用途选用不同设计，而如今，我们关注的焦点是如何降低成本和实现规模化生产。

8.2　我眼中的多结或多色太阳能电池发展史

我的故事要追溯到 1957 年“斯普特尼克 1 号”人造卫星的发射。当时，我还在读高二，在数学和科学方面极具天赋。正是因为这一原因，我在 1961 年成为了加州理工学院的一名大一新生，我有幸参加了第一期也是唯一一期“理查德·费曼物理学讲义”两年制课程。后来，费曼成为诺贝尔物理学奖得主，而全套的《费曼物理学讲义》（三卷）在此后的三十多年乃至今日仍被奉为物理学的经典教材[4]。我在这门课拿到了全优，这样我就顺理成章地主修了物理学。

在此之后关于多结太阳能电池的记忆是在 1968 年左右。那时，我还是固体物理学和电气工程专业的博士研究生。我还记得，当时我正在跟一个研究生同学吃饭，我们谈到要把两个 p/n 结堆叠起来，以提高太阳能电池的效率。我们当时注意到如果把一个 P/N 结和第二个 p/n 结堆叠成 P/N/p/n 结，中间的 N/p 节就会产生与其他结不同的电压，而这就出现了问题。我们讨论说可以增加杂质（准确说应该是掺杂）浓度，直到 N 和 p 层具有金属性质，这样就能产生 $P/NN^+/p^+p/n$ 结构，而且能够把中间结的电压降低到零。而这种 N^+/p^+ 结实际上就是隧道结，但是当时的我们并不知道这一点。我还记得当时我们还推测说红外线穿过 N^+/p^+ 层可能会遇到困难，而且要做到在不破坏晶体的同时充分增加杂质，还可能会遇到固体溶解度问题。不过，这其实只是茶余饭后的谈资罢了，很可能是因为听了某节课。这和我们俩各自的博士论文都毫不相关。

再往后的记忆是在 1973 年，当时我已经拿到了博士学位，是休斯研究实验室的技术人员。而我的第一项任务就是结合液晶研发硫化镉/碲化镉（CdS/CdTe）薄膜光学显示器。这些显示器利用光图像产生电成像，然后通过液晶把电成像投射到屏幕上。当时，我并不知道液晶与非晶硅薄膜工艺的这一结合最终会带来第六章所述的液晶电视。这一显示器研究比第一次阿拉伯国家石油禁运事件中的汽油研究还早一两年。由于此次石油禁运事件，我和很多人都纷纷对太阳能电池产生了兴趣。目前，CdS/CdTe 组合已经成为 FirstSolar 薄膜太阳能电池的主要材料。

我向 ERDA（当时的能源研究开发署，也就是现在的能源部）提交了一份研究计划书，说明了想要研发硫化镉/磷化铟薄膜太阳能电池的意愿。这为我们赢得了一份科研合同，此后我们便开始了薄膜沉积的研究。大约在 1976 年，我们对同样材料制成的薄膜和单晶电池进行了对照试验，最终发现单晶器件的性能远远超过薄膜器件。此后，我再也没有走回头路。

此时，休斯研究实验室有一组工作人员正在研究 GaAs 太阳能电池。而 IBM 的工作人员通过在 p/n 结 GaAs 硅片表面上生成薄层铝砷化镓（AlGaAs）窗口层，展示了效率在 20% 以上的 GaAs 电池[5]。有时我们把这种电池称为 AlGaAs/GaAs 电池。

讲到这里，我想到了一种重要工艺——表面钝化。我在第四章中没有讨论这一话题，但其实少数载流子在生成后可以扩散到结或者电池的自由上表面。如果没有对表面进行适当处理，少数载流子就有可能在表面重组，重新回到价带（基态），进而丢失。硅器件的优势不仅是因为单晶体，而且还因为二氧化硅中的氧离子尺寸刚刚好，能够确保在硅基底之上形成的二氧化硅薄膜可以在不破坏硅晶体结构的同时把所有表面悬挂键捆绑起来。这样一来，表面少数载流子就会反射回到结上，而不会丢失。硅只要接触到空气中的氧气，就会奇迹般地发生这一现象。

可惜的是，GaAs的氧化物不能进行钝化。不过，20世纪70年代，工作人员发现由于铝原子和镓原子的大小相差无几，可以通过在GaAs表面生长AlGaAs薄膜来实现表面钝化。而AlGaAs薄膜本身就是带隙较宽的半导体，如此激发态载流子就会反射回结上。IBM首次在太阳能电池领域贯彻了这一想法。（实际上，在20世纪90年代冷战结束后，我才发现首次在太阳能电池领域实践这一想法的是位于圣彼得堡的约飞物理技术研究所[6]。）

关于AlGaAs，我还需要再说明一点。实际上，为简洁起见，有时我会用这样的Ⅲ-Ⅴ族化学式来表示其中涉及的化学元素。但严格意义上讲，这个化学式并不正确。这种Ⅲ-Ⅴ族三元素化合物半导体正确的化学式应该是Al（1-x）Ga（x）As。对AlGaAs的太阳能电池窗口层而言，对应的化学式应为Al（0.85）Ga（0.15）As。这表示在铝原子和镓原子占据的Ⅲ族晶格中铝原子和镓原子的比例分别为85%和15%。

而休斯研究实验室对这种AlGaAs/GaAs电池在航天卫星中的应用很感兴趣，因为当时休斯研究实验室发明了同步卫星，还增设了航天与通信部门。休斯研究实验室以Ron Knechli和Sanjif Kamath为首的研究团队首次证实在受到高能粒子轰击时，这些GaAs电池在太空中的寿命更长一些[7]。太阳释放出高能电子和质子，而范艾伦辐射带中的地球磁场会吸收这些高能粒子。高速粒子在穿透太阳能电池和破坏原子排列位置的过程中轰击太阳能电池，久而久之便会造成电流损耗。而由于GaAs光吸收长度较短，生成的激发态载流子距离结更近，这样材料能耐受更多的缺陷，而这里的缺陷是指受到太空辐射产生的缺陷。这部分内容，我在第四章讨论了无规行走问题后都有述及。

此后，我开始与Ron Knechli共事。我们两人在1978年共同发表论文，指出结合聚集地球太阳光使用的In（0.5）Ga（0.5）P/Ga（0.9）In（0.1）As/Ge三结电池在300倍聚光条件下能够达到40%的转化效率（其中Ge表示锗）[1]。我们提出依次把Ge晶片上的n型和p型GaInAs结、InGaP/GaInAs隧道结、n型和p型InGaP结和钝化窗口层堆叠起来，以构成三结电池。同时，Ge晶片上还会形成n/p结。今天，我们把这种电池称为单片式多结电池。之所以选择这一系列材料是因为我们知道，要保留单晶体的结构特性，我们需要与单晶体的晶体结构和原子间距极为相似的晶体薄膜。而我们选择这些特定材料的另一个原因在于：在给定的太阳光谱下，每个有源结会生成几乎相同的电流。

上述原子间距和元件电池电流的匹配问题对于单片式多结电池而言至关重要。由于它们属于单片式电池（生长在同一晶片之上），所有不同材料的原子间距应该基本一致，而实际上，就是要求错配误差应低于1%。如果原子间距错配误差达到1%，就会给后续层带来晶体缺陷，从而破坏整个器件性能。此外，我们还应注意，当串联太阳能电池时，光生电流最小的电池会限制整串电流，而在单片式电池中，隧道结连接所有元件电池的方式正是串联。

采用这些特定材料能够实现晶格匹配和电流匹配。但这仅限于理论推测，我们仍不知道如何按照顺序生长出多个单晶层。不过，通过研究 GaAs 电池中隧道结的性能，我们推测可以在平面电池以及聚光度能近似达到100倍的聚光电池中实现这一点。而除此之外，还会出现沉积物的问题。这里我们先跳过这个问题，如今，In（0.5）Ga（0.5）P/GaAs/Ge 三结电池已经成为常用的卫星器件。其实，当时（1978年）我们曾向空军提出过这样的计划，但是并未得到资助。

1979年，休斯研究实验室决定不再关注地面太阳能电池，而当时的石油公司对此很感兴趣，于是我离开了休斯研究实验室，加入了雪佛龙科研公司旗下的替代能源团队。我在雪佛龙花了多年时间来学习如何生长单晶Ⅲ-Ⅴ族薄膜。不过在讲述这段经历之前，我还要提一下在休斯研究实验室工作期间发生的其他重要事件。因为这些事和之后我要提到的一些人物、公司和事件有着密切联系。

一天下午，我在实验室工作的时候，部门主管带来了一个人，他就是 Spectrolab 的总裁 Bill Yerkes。我提及这件事是因为，十年后我与 Bill 在波音共事，一起参与了效率高达35%的太阳能电池的研发项目。Spectrolab 当时是空间硅太阳能电池的两大供应商之一。这次见面后不久，我就听说休斯收购了 Spectrolab。据说，Bill 因研发地面太阳能组件，导致 Spectrolab 债台高筑，而休斯需要空间电池，所以只能收购了 Spectrolab。

此后不久，在我要加入雪佛龙的时候，我听说 Bill 已经离开休斯 Spectrolab，组建了专门研发地面硅太阳能电池板的太阳能技术国际公司（STI）。在此后的十年间，也就是1978—1987年，STI 被 Arco 收购，成为 Arco 太阳能。之后，Arco 太阳能成为西门子太阳能，也就是今天的 SolarWorld。不过，早年间，Bill Yerkes 领导的 STI 和 Arco 太阳能研发出了我在第五章中述及的地面硅组件，其中用到的层压工艺是从浴室门安全玻璃的层板中得到了灵感。而今天，几乎所有的组件厂商都采用了同样的组件设计。

我在休斯工作期间发生的另一重大事件就是硅太阳能电池行业领军人物之一 Paul Rappaport 的来访。当时，他来休斯做演讲，而且私下里在部门主管的办公室我也见到过他。我记得他问我们 GaAs 电池结的形成能不能通过扩散来完成。当时，我们回答：因为必须要生长出 AlGaAs 窗口层，那我们就可以直接生长多个结层。而他提出的问题在今天仍是掷地有声，在本章后面我将继续探讨这一点。

我后来加入了雪佛龙。但是到了雪佛龙之后，我很快发现雪佛龙太阳能替代能源组的工作重点是研发小晶粒多晶薄膜太阳能电池。而不巧的是，我是固体物理学专业出身，我熟悉的半导体带隙推导往往是基于周期性最佳的晶格。虽然如此，由于上级 Jack Duisman 思想开明，我得以继续研究Ⅲ-Ⅴ族单晶太阳能电池。这好极了，但不好的一点是我是单枪匹马地进行。雪佛龙研究团队有经典的组队方式，每组各安排一名博士和一名技术人员，而且每组工作都极为自由。我说服 Jack 可以聘请两名技术人员，但我只能从炼油行业招人，而不能选择半导体行业。

8.3　续写历史：外延式和单片式多结电池

我想要实现 InGaP/GaInAs/Ge 电池设计，但却必须得学会如何生长单晶层。当时（1979 年左右）可以通过液相外延工艺生长 GaAs 和 AlGaAs 单晶层。以 GaAs 为例，这一工艺把 GaAs 晶片浸入溶解有砷的镓溶液中。通过控制溶液缓慢降温的时间和温度，镓和砷原子便可从熔体中析出，在 GaAs 晶片上沉积。由于晶片是单晶体，新析出的镓和砷原子按照足够相似的晶格结构排列，这就生成了一层单晶薄膜。这一工艺叫外延生长。要生长 AlGaAs，我们需要在熔体中加入一点铝。这就是液相外延（LPE）。如果我们使用的是气相化学物，这种工艺就称之为气相外延（VPE）；如果我们在真空容器中使用化学束，这种工艺就叫化学束外延（CBE），但其实当时尚未出现化学束外延。我要在雪佛龙对这一工艺[8-11]进行开创性尝试。

问题是我们无法采用液相外延工艺在锗衬底上生长 GaAs，因为锗会在镓熔体中溶解，污染熔体。而且，实现液相外延的规模化生产也是一大难题。当时，Varian and Rockwell 科学中心的工作人员已经证实可以通过金属有机化合物化学气相沉淀（MO-CVD）制造 AlGaAs/GaAs 太阳能电池。在这一工艺中，金属镓或铝的供给源于金属有机化合物。它们在室温条件下为气体，这让它们可以轻松到达加热的镜片表面。四乙基铅一度是广泛应用于汽油中的金属有机化合物。

为理解金属有机化合物，首先我们要看看甲烷或者天然气。显然，甲烷易挥发。甲烷分子由一个碳原子与四个氢原子组成，其中四个氢原子分别与碳原子构成化学键，分子式为 CH_4。我们可以去掉其中一个氢原子，然后让镓原子与裸露的碳原子键合。CH_3 是甲基。依此重复三次，我们就能得到三甲基镓，即 TMGa 或者 $Ga(CH_3)_3$。这样镓金属原子就被有机基团包围，从而具有挥发性。要让砷具有挥发性，我们可以加入三个氢原子生成砷化氢（AsH_3）。这样我们就可以采用 MO-CVD 工艺，通过 TMGa 和 AsH_3 发生下述反应生成 GaAs 薄膜。

$$Ga(CH_3)_3 + AsH_3 -> GaAs + 3CH_4$$

MO-CVD 效果很好，更是如今Ⅲ-Ⅴ族器件工业生产中的优选工艺。当时，我面临的问题是砷化氢（AsH_3）是一种剧毒气体，一瓶砷化氢气体足以毁掉一个社区。半导体行业已经学会安全地处理这种气体，但如今我们还应该知道：已经发现在阿富汗有恐怖分子把砷化氢奉为制造化学武器的理想材料。

MOCVD 工艺使用砷化氢的优势在于砷化氢中的氢能够提供一种清洁的脱碳方式，从而形成纯度极高的半导体薄膜。再回到我在雪佛龙工作的话题，当时我与很多有机化学家共事。我开始研究 MOCVD 工艺的第二天，有人告诉我有一种反应叫 β 消除反应，这就是图 8.1 所示的乙基分解成乙烯和氢的反应。他们知道这一点是因为做过四乙基铅燃烧试验。这种反应是一种清洁的脱碳方式（这种反应或许能消除发动机中的碳沉积。）

我们需要看一看图 8.1。乙烷（C_2H_6）有两个碳原子，而甲烷只有一个。由于原子位置变化，才发生了乙基变成乙烯和氢的反应。正如图 8.1 所示，很容易发生共振键转移[10,11]。

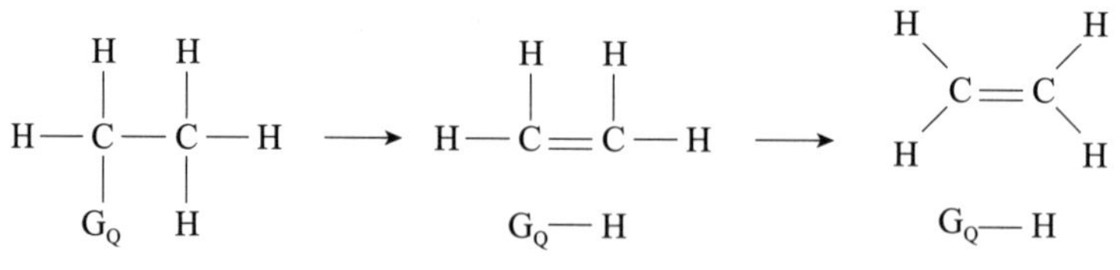

图 8.1　使用三乙基镓代替三甲基镓，生成乙烯（C_2H_4）脱碳。注意其中的两个纵键（左图）共振形成了 2 个横键（中图）

这就意味着我们可以在真空系统中通过三乙基镓和砷蒸汽发生下述反应生长 GaAs 单晶层，而同时还不必用到砷化氢剧毒气体：

$$2Ga(C_2H_5)_3 + As_2 -> 2GaAs + 6C_2H_4 + 3H_2$$

这就是贝尔实验室提出的化学束外延（CBE）的原理，但我们当时把此称为真空化学外延（VCE）[10,11]。虽然最终留下来的是他们的叫法，但却是我首次在真空系统中使用三乙基镓生长高纯度 GaAs 薄膜[8,9]的。

我在雪佛龙工作的八年间，成功完成了 GaAs、AlGaAs、InGaP、GaInAs、GaAsP 和 GaSb 等Ⅲ-Ⅴ族薄膜的生长，还建起了自己的生长设备[10,11]。但是，由于缺乏半导体行业专业的器件制造工艺人才，我面临着重重阻碍。虽然，我慢慢培养出设备和器件加工能力，但独立作业难度很大。随着时间的流逝，我不得不简化器件设计。一开始，我想要制作单片式多结电池，但显然我需要进一步细分成子元件。最终，我意识到这一任务太过艰巨，不得已把三结简化成了两结。如果是三结，那我就需要顶结、底结和隧道结都能协调一致地运转，后来，我决定简化任务，把电池堆叠起来，不涉及隧道结问题。

注意，这是一种新型多结电池，称为机械叠层多结电池。这种电池中，一个芯片只是机械地叠合在另一芯片之上。这种电池的优势之一在于原材料更为多样，现在无须实现晶体原子间距匹配，而且，也不必要求电流匹配。这一点会在下文中继续讨论。

所以说，我决定把现有硅电池作为底电池，把新型电池作为顶电池，形成叠层电池。我可以通过在 GaP 晶片衬底上生长 GaAsP 晶层来生成顶电池，这是因为这一系列材料广泛用于发光二极管。我成功做出了这种电池，但效率却只能达到 26%，比单结 GaAs 电池的效果好不了多少。

8.4　续写历史：新型红外光敏 GaSb 电池和效率 35%的 GaAs/GaSb 叠层电池

后来，我发现如果一开始我把 GaAs 电池作为顶电池，并通过在电池背面加载栅极使其具有透射性，然后如果我能发明一种新型红外线底电池，我就很有可能打破电池效率的世界纪录。我研究了元素周期表，发现 GaSb 是一种很好的材料。当时，我正沉迷于简单二元化合物的魅力，觉得三元和四元合金简直无法与之媲美。Larry Partain 是我在雪佛龙的同事，他计算得出顶电池和底电池的带隙能量差应为 0.7 eV 左右，而 GaAs 和 GaSb 的带隙能量分别为 1.42 eV 和 0.72 eV。简直完美！我查阅各种文献，发现贝尔实验室已经制成了 AlGaSb/GaSb 光电二极管，并发表了性能曲线。根据这项数据，我写了一篇论文，提出 GaAs/GaSb 双色太阳能电池在汇聚地面太阳光的条件下预计能够达到 33.9% 的转化效率[12]。

但这只是推测。所以，我开始学习生长 GaSb 薄膜。我认为还需要生长出 Al-GaSb 钝化窗口层。这是 1986 年，而雪佛龙对太阳能电池已经失去了兴趣。雪佛龙把 VCE 工艺和设备卖给一家日本公司。于是，我转而加入波音高科技中心，这个团队才刚刚组建起来。由于在外延技术方面的丰富经验，我担任了材料与器件实验室的外延组组长。

结束雪佛龙的工作经历之前，我还要说几件在此期间发生的事。Walt Pyle 是雪佛龙研究公司的工程师，他非常关注如何最大限度地实现太阳能的高效利用。方法就是把太阳光作为办公室光源，替代荧光灯用电。这样做就相当于有了效率 100% 的太阳能电池。由于我对聚光很感兴趣，1982 年，我们想到可以将汇聚的太阳光以管送方式用于室内照明，1983 年我们就此合作发表了一篇论文[13]。当时，这一想法让我兴奋不已，而雪佛龙却并没有觉得怎么样，那时我就明白雪佛龙对可替代能源的兴趣不过是为了公关形象。这从公司遣散可替代能源小组时的经典台词中也可见一斑："在可替代能源方面，我们已经尽到了应尽的责任"。后来，我渐渐淡忘了这一太阳能照明想法。而到了 2000 年，橡树岭国家实验室的 Jeff Muhs 表示支持这一想法。我们在后面的第十章再来讨论这个问题。

波音高科技中心研究团队的组织结构与雪佛龙团队的大为不同。在材料与器件部门，约有 50 名半导体行业的杰出研究人员汇聚一堂。我们拥有最为先进的器件处理设备，对半导体器件制造过程的每一步工艺都有着细致入微的了解。Bill Yerkes 是当时的部门主管，而且波音在太阳能电池领域做出了持续不断的努力。Jim Avery 也是薄膜太阳能电池组的工作人员。Jim 是 STI 和 Arco 太阳能的第一位工程师，他为地面硅平面电池研发了丝网印刷工艺。在 Arco 太阳能工作期间，他研究的也是薄膜太阳能电池，已经对薄膜太阳能电池感到厌烦了。最终 Jim 加入我这组，并在此后一起共事了 20 年。

波音让我深感意外的是专门研发卫星太阳能电池的重大机密国防项目。当时是在 1987 年，这让我感兴趣的原因在于我离开雪佛龙的时候，政府每年下拨的地面太阳能电池研发经费约为 5000 万美元，而同时期这些机密项目的经费却达到了 1 亿美元。这是因为政府认为俄国可能会用激光攻击太阳能电池板，破坏卫星。或者，担心他们把放射性物质容器发射到轨道上？我们必须让我们的太阳能电池板无懈可击。按照这种思路，如果我们使用了太阳能聚光镜，电池就只能受到从太阳方向发出的激光攻击，而实际上敌人很难做到这点。

我第一次知道，原来证明数百万美元的国防项目合理性，远比证明能够给国家经济带来长远利益的几十万美元的项目合理性要容易得多。此后的很多年，这种情况早已屡见不鲜，但我始终觉得这种逻辑根本就是本末倒置。

再回到正题，当时我接到的任务是制造更为高效的聚光太阳能电池。这样我就可以继续研究 GaSb 电池了。我在雪佛龙的最后几天得出了一项观察结果。我生成了 GaSb p/n 结，并测量了其中的光生电流。当时我还未生成 AlGaSb 窗口层，但电流性能好到让我吃惊。这说明也许赶上运气好，p 型 GaSb 表面已经钝化了。此外，我还负责激光制备过程中 GaAs 的渗锌处理。我决定要走个捷径，尝试对 GaSb 进行渗锌处理。Jerry Girard 是我这组一名年轻的工程师，他在这方面的工作非常出色，试验非常成功。

从这些研究中，我认识到 GaSb 电池是可行的，但仍有很多工作要做。我们进一步设计出了 GaAs 和 GaSb 电池掩膜组，继续使用 MOCVD 设备来完善 GaSb 电池和提高 GaAs 电池的透射性。我们在 MOCVD 技术方面的专家 Sundaram 博士进行了 GaAs 电池外延生长，Jim 指导了电池制备过程并完成了测量工作。这一方法的好处是我们能够制备优质 GaSb 电池，并把它们收起来。然后，我们可以继续集中精力制备优质 GaAs 电池，然后再集中精力制备叠层电池。在积极开展这些工作的同时，我们来到了 1989 年。到这个机密项目结束的时候，我们达到的效率水平确实打破了世界纪录，但波音后来的做法可谓失策。波音在光学设计中使用了玻璃，而不是反射镜，但是玻璃还是会吸收红外激光能量。

波音高科技中心的副主席 Edith Martin 博士非常支持我们的工作。1989 年 8 月，我已得到 6 组效率在 33% ~37% 之间的 GaAs/GaSb 叠层电池，正好来得及参加桑迪亚国家实验室的一个会议，我在会上发表了这些测量结果，后来得到的超高关注度让我非常意外。太阳能行业媒体报道了高达 37% 的效率，而全国媒体纷纷转载。波音的股价也涨了一天，上级还给 Edith Martin 专门打了电话。他表示自己竟然不知道这件事，这让他很不开心，不过 Edith 说她已经报备过了。但是，波音的高级管理层还是很不满意。

回想起来，在桑迪亚会议上我应该说我们已经能够制出效率达到误差为 ±2% 的 35% 的电池。而另一个问题在于，桑迪亚会议的主题是地面电池，我发表的是地面电池效率。其实，地面效率往往会稍高于空间效率，这是因为地球的大气层会吸收未能被电池有效转化的 UV 和红外光子。在太空中，这些 UV 和红外射线无法被吸收，因此空间电池的效率会相对低一点。但我觉得问题的重点并不是效率如何，而是我们不应该研究地面太阳能电池，只应该研究空间电池。

但是，Edith 继续推进这方面工作，而 Bill Yerkes 也联系了波音空间站团队。同时，我遇到了三个问题。第一，我需要得到外部认可。第二，我需要适合汇聚太阳辐射的光学器件。第三，国家可再生能源实验室和美国能源部太阳能研究所都对此持怀疑态度，因为他们并未资助这项研究，而且他们支持的是薄膜太阳能电池技术。

外部认可是一大挑战，这是因为 GaSb 电池属于新型器件，而且对红外线的响应能力超出了传统硅电池的响应范围。我把串联电池样本寄给了国家再生资源实验室、桑迪亚国家实验室和美国国家航空航天局刘易斯研究中心（现在的美国国家航空航天局格伦研究中心）。桑迪亚国家实验室试图得到聚光条件下的测量结果，但又大又笨重的探针破坏了小研究电池。国家可再生能源实验室无法在聚光条件下测量，但是国家可再生能源实验室的 Keith Emery 却成功验证了我们测得的 GaSb 电池的量子效率结果。同时，美国国家航空航天局格伦研究中心成功验证了聚光条件下两电池的伏安曲线。而且，还必须等到里尔喷气机返回对 GaSb 电池的高空测量结果时才能正式认可相应数据，幸好喷气机及时返回测量结果，这才来得及在 1990 年的 IEEE 光伏专家会议上发表论文[14]。里尔喷气机 AM0 测量结果以及波音和国家再生资源实验室量子效率测量结果均与 32% 的空间电池效率一致（其中，AM0 = 大气质量为零，或者无空气 = 太空）。

由此，我们得到了空间电池效率。地面叠层电池的转化效率如何呢？地面效率面临的问题是太阳光谱会随着湿度等天气情况以及具体时段变化。与中午相比，早晚的太阳更红；而且随着湿度变化，水蒸气吸收的红外光线多少也会不同。为了解决这个问题，桑迪亚国家实验室的 James Gee 成功测得特定大气条件下的太阳光谱，而且他还得到了阿尔伯克基的天气历史数据。根据元件电池数据，他算出了元件电池和叠层电池在全年不同时期的效率，我们在 1990 年发表了这一数据[3]。最重要的是，算出的叠层电池年平均效率为 35. 6%，而这是假设电池在室温条件下工作得出的效率。在标准工作温度下，这一效率会降到 32%；考虑到组件的透镜损耗，这一效率会降低到 29%。这是我们在 1990 年做出的推测。

至于透镜问题，据我所知，ENTECH 公司的总裁 Mark O’Neill 与美国国家航空航天局格伦研究中心有合作关系，而 ENTECH 要负责研发空间用轻量级菲涅尔透镜。Mark 非常合作，直到现在我们仍保持着多年的合作关系。2001 年，ENTECH 在德克萨斯测得不同多结电池的迷你组件效率分布在 28% ~31% 之间。图 8. 2 展示了室外测试中的多结电池回路。

1992 年，我们使用 ENTECH 公司的菲涅尔透镜和我们自己的 GaAs/GaSb 串联电池，成功为先进空间光伏发电（PASP +）卫星制成了迷你组件。这一 PASP + 组件的照片见第一章。这一卫星于 1994 年发射，并在第二年得到了非常好的测试结

图 8.2　配有线性菲涅尔透镜的迷你组件以及室外测试中的叠层电池回路

果。与这一飞行任务中的其他各种新型基础组件相比，我们的迷你组件性能最佳，而且辐射造成的劣化率也相对最低。

可惜的是，制成迷你组件后，还没等到迷你组件成功发射，波音高科技中心就被解散了。波音最终还是认为太阳能电池板根本不赚钱。毕竟，他们每年大约要生产 100 架价值 1 亿美元/架的飞机，他们要的并不是一年生产几百万块几美元一块的太阳能电池。于是，我离开了波音，准备投身太阳能电池行业，并于 1993 年 1 月加入了 JX 晶体公司。

1994 年以后，德国和俄罗斯制造了效率达到 30% 的 GaAs/GaSb 叠层电池[15]。同时，国家可再生能源实验室资助研究空间用 InGaP/GaAs/Ge 单片式电池。颇具讽刺的是，美国国家航空航天局却不定期资助了 JX 晶体公司改善 GaAs/GaSb 叠层技术的研究。这时候的角色发生了反转，国家可再生能源实验室资助了适合空间应用的电池研究，而美国国家航空航天局却资助研究适合地面应用的电池。甚至更讽刺的是，波音在 2000 年收购了 Spectrolab。Spectrolab 在制成适合空间应用的 InGaP/GaInAs/Ge 电池后，开始研制 InGaP/GaInAs/Ge 地面聚光电池，随着 2006 年成功研制出效率高达 40% 的三结电池后，这一研究达到高潮[16、17]。

8.5　针对不同用途的不同设计

接下来我从技术层面上讨论多结电池的不同制备方式以及这些方式的优劣。图

8.3 展示了三种制备方式。中图展示了 1989 年波音为空间应用制成的简式 GaAs-GaSb 叠层电池。然而事实证明，左图所示的单片式三结 InGaP/GaAs/Ge 电池更适合用作空间平面阵列。我们把右图所示结构称为混合型多结电池，因为这种电池把各种单片式多结电池作为元件混合到了同一个叠层电池之中。图 8.3 所示混合型 InGaP/GaAs-GaSb 叠层电池是第七章所示效率达到 34% 的聚光组件的组成部分。

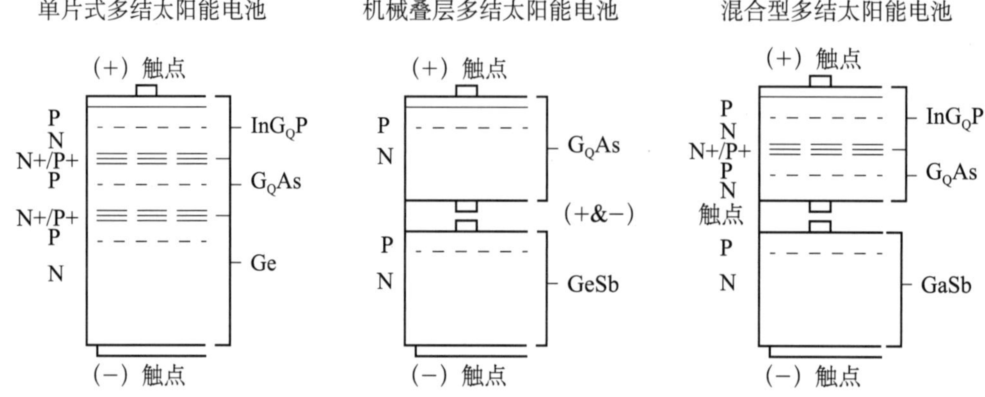

图 8.3　三种不同类型的多结电池设计

事实上，要比较不同的多结电池技术，需要考虑很多因素。我们先来比较一下 GaAs-GaSb 叠层电池和高纯度单片式多结电池。两者间存在几个显著差异：首先，在单片式电池方面，像传统太阳能电池一样，这种电池由两极单芯片组成，而这种结构是有代价的，它必须要有复杂的外延结构，而且晶体生长还需要使用有毒气体。此外，还必须设有隧道结、元件电池的局部电流匹配以及晶格匹配材料。叠层电池完全没有这些要求。但是，叠层电池的弱点在于需要两个芯片形成四个电极。从电池间空间不足和轻量方面来看，单片式电池更适合空间平面阵列。但我认为，机械叠层技术非常适合高聚光地面应用。为什么呢？

单片式技术的地面应用会带来很多问题。首先要面对的问题就是，与空间中恒定的太阳光谱相比，地球上的太阳光谱会发生变化，这对于单片式多结电池的串联电池来说是一大问题。但对于机械叠层电池而言，就不是问题了，因为可以通过图 8.4 所示的电压匹配结构把四极叠层电池连接起来。虽然一开始，叠层电池中的四极结构似乎会带来问题，但其实正如图 8.4 所示，GaAs-GaSb 叠层电池的四极结构会连接成三节串联 GaSb 电池和三节并联 GaAs 电池的两极电压匹配三重回路，而电压匹配优于电流匹配的地方在于电池电压往往变化不大，而电流却会随太阳能光谱的变化而变化。

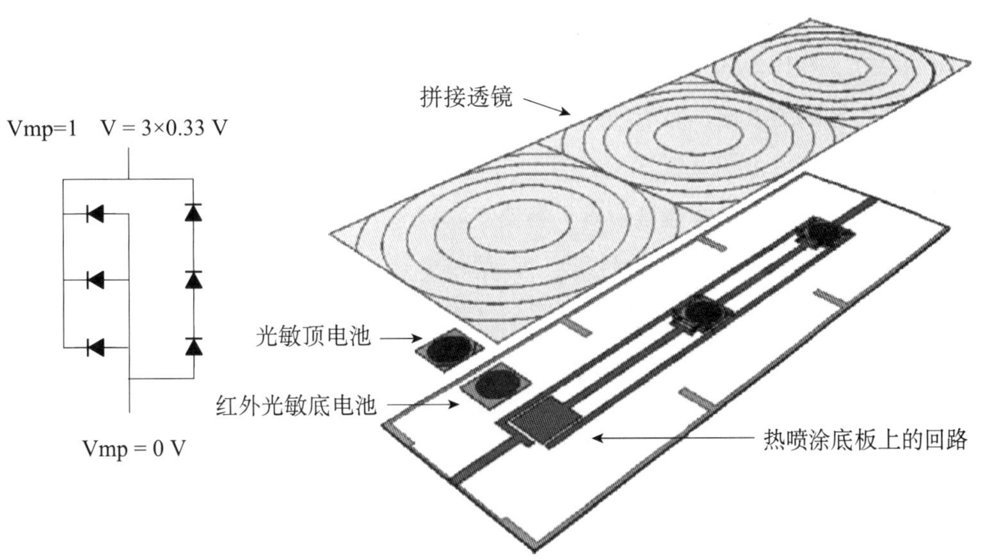

图 8.4　左图表示 GaAs-GaSb 叠层多结电池的电压匹配三重回路
右图表示透镜阵列焦平面热喷涂地板上的电池和连接

为了更经济地制备这些三重回路，在波音研究之后我们又进一步改善了叠层设计。我们最新的叠层设计见图 8.5。

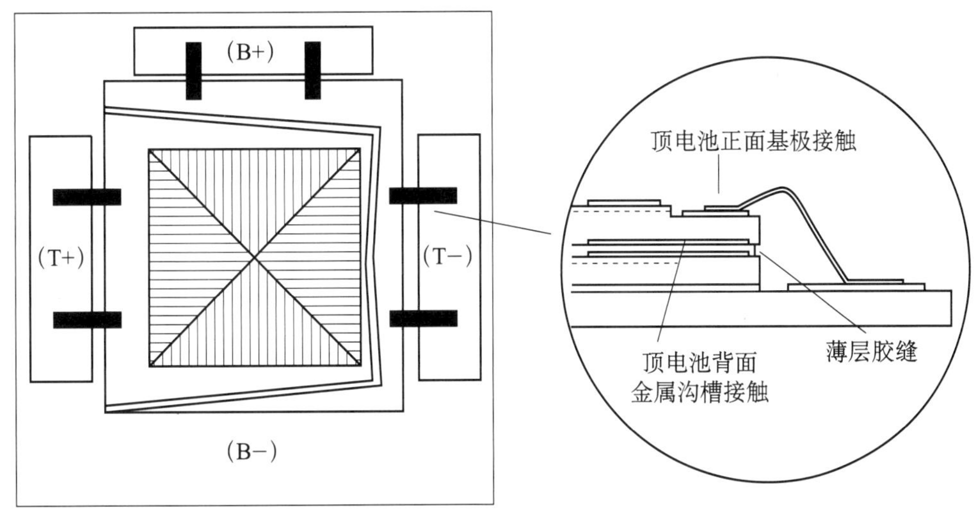

图 8.5　JX 晶体公司包括顶电池顶部两接触和嵌入下薄层时差胶缝沟槽的背面金属接触在内的四极机械叠层接收器设计

首先，我们发现由于正极和负极连接的原因，薄带会连接到顶电池顶部。这是因为，通过三边发生射极层蚀刻，负基极层（N 型 GaAs 晶片）暴露在外，金属垫就接触到了电池顶部的负基极层。然后，我们发现这个结构中的 GaSb 和顶电池回路相互独立。基片上的顶部和底部衬垫允许测试 GaSb 电池，而左右衬垫则允许测试顶电池。我们还发现，可以使用有机硅胶黏剂薄层把这两节电池粘在一起。在形成光刻抗蚀图案后以及金属沉积之前，通过蚀刻到顶电池后面，避免了顶电池背面金属接触和底电池正面金属接触发生短路。这就把顶电池金属总线和栅格放入了嵌入式沟槽。而背面 AR 涂层则又提供了一层电绝缘。最终，我们发现顶电池背面的栅密度是两电池正面栅密度的三分之一。这是因为 N 型 GaAs 晶片导电性非常好（高迁移率），而晶片的这一高导电性也让电流能够回传到顶部蚀刻基极接触。

单片式多结电池的另一个问题与聚光透镜有关，透镜会产生色差。在如今的空间应用中，这类电池往往会在 1 倍日照且无透镜的条件下工作。单片式电池的问题在于它要求的是局部电流匹配。如果透镜产生带红色光晕的蓝色光斑，就会破坏局部电流匹配，两个区域都会产生限制电流，从而让转化效率大打折扣。见图 8.6。不过，我们可以通过设计混色菲涅尔透镜或者均匀化副镜来解决这个问题。

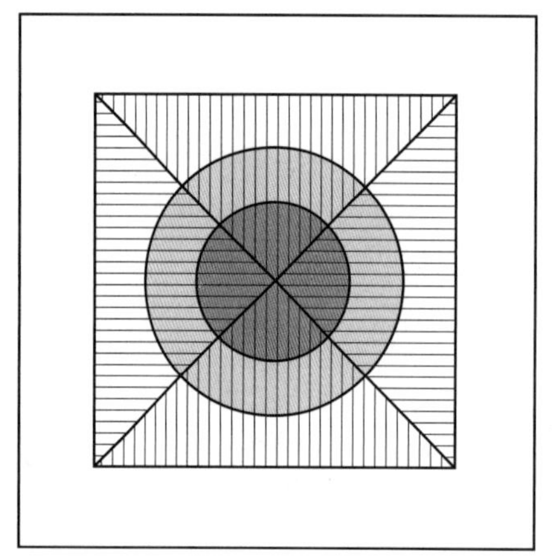

串联电池需要的局部电流匹配
无中间栅格阻碍电流传播

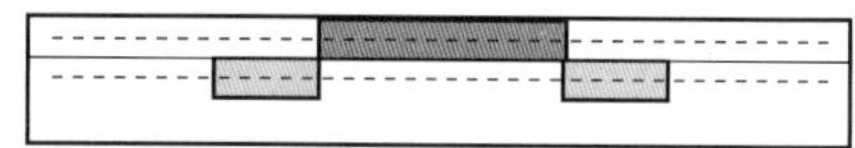

顶结阻碍底电池吸收红光的电流，而底结阻碍顶电池吸收蓝光的电流。
叠层电池的中间栅格能够避免这一问题

图 8.6　单片式多结电池色差图解

表 8.1 列出了单片式电池的其他缺点。在我看来，最严重的问题是单片式多结电池的制备工艺中不可避免地要使用有毒气体，而机械叠层电池则大大缓解了这一问题。讲到这里，我们比较一下 MOCVD 生长结与扩散结，这就是 Paul Rappaport 在 25 年前提出的问题。也许不使用有毒气体就能够实现 GaAs 电池表面的钝化处理，而 GaAs 和 GaSb 电池均可采用扩散工艺制成。

进行几十吉瓦级的批量电力生产时，扩散工艺显然比 MOCVD 工艺经济实用得多，而这点从图 8.7 中也可以看出。从图中可见，与需要晶片正面朝上摆放的

MOCVD设备相比，扩散炉可以容纳更多（10倍）像筹码一样叠合的晶片。而且，扩散炉的建设成本至少比MOCVD设备便宜10倍。也就是说，晶体扩散工艺至少要比外延生长工艺便宜100倍。

表8.1　单片式MJ电池与机械叠层MJ电池比较

单片式MJ电池	机械叠层MJ电池
1倍空间日照条件下的优势	1倍空间日照条件下的劣势
● 高效轻量，适合空间卫星	● 两个芯片比一个芯片重
● 两极器件	● 四极器件
500倍地面日照条件下的劣势	500倍地面日照条件下的优势
● 两极串联需要隧道结	● 效率较高，无须晶体材料匹配
● 隧道结会在高电流环境下劣化	● 已证实不含隧道结的电池稳定性较高
● 晶体材料匹配导致非最优电流匹配	● 四个电极允许形成电压匹配回路
● 易受到地面太阳能光谱波动的影响	● 电压匹配回路对多变光谱不敏感
● 易受到透镜色差的影响	● 四极器件对透镜色差不敏感
● 存在旁路二极管的问题	● 无须额外的旁路二极管

图8.7　MOCVD（左图）与扩散（右图）：在左图MOCVD系统中，晶片正面朝上加载到转盘之上，由于转盘高速运转，晶片可以穿过TMGa和AsH_3喷射管道实现晶层生长。在右图扩散管中，晶片成对叠合，成对叠层晶片缝隙中的蒸汽掺杂扩散到晶片表面形成结

我的梦想仍是，实现效率达到35%的太阳能电池在Amonix电池阵等地面聚光电池阵中的应用（见第一章），从而降低太阳能发电成本。可惜的是，这个梦想的实现还是要寄希望于未来。（除了资助问题）还有其他重大阻碍因素吗？我的答案是没有。

但确实有两个重要问题尚待深入讨论。第一，砷有毒。这会是问题吗？不会，我们关注的是砷化镓（GaAs）电池，而不是砷。GaAs 是稳定的半导体化合物。比如，氯气（Cl_2）有毒，曾在第一次世界大战中用于堑壕战，但食盐也就是氯化钠（NaCl）中虽然也存在氯，但却是存在于稳定化合物中，因此没有危险性。我们的手机里就有 GaAs 芯片，而 GaAs 太阳能电池甚至还不如手机危害大。

第二，是否有足够的镓来生产数百 GW 聚光电池？当然有，目前已发现镓分布在铝土矿和锌矿中[18]。假设我们要为 Amonix 电池阵制备 GaAs/GaSb 叠层电池，那每块叠层电池会产生 5 瓦电量，重 1/4 克。这也就是说每克 20 瓦。今天，每年约有 200000 千克镓用于制备 GaAs 半导体器件。这就是说，按照现在的镓产量计算，每年可以产生 4 GW 电量。据美国地质调查局调查，“世界铝土矿中的镓资源量预计超过了 10 亿千克，而且世界锌储量中还可能含有相当大的镓资源量”。简单来说，只需用铝土矿中镓资源量的 1% 制备这种电池，就能生成 200 GW 的电量。

8.6 聚光组件发展动态：德国和日本开始把多色电池引入地面应用

虽然美国是多色电池发展领域的领导者，但美国关注的是空间和军事应用方面。同时，得到政府支持的日本夏普和德国弗劳恩霍夫太阳能研究所一直在结合高效电池积极研发适合地面应用的聚光电池阵。如图 8.8 所示，夏普使用二次混色均化器来克服电池色差问题，如今他们的地面聚光组件已经能够达到 28% 的转化效率。这

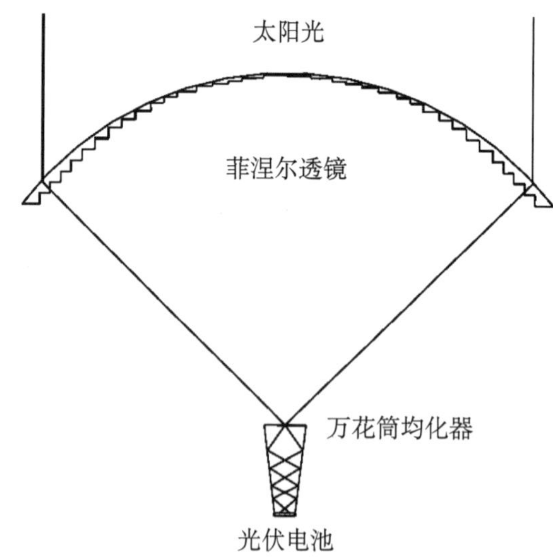

图 8.8　夏普聚光组件利用拱形菲涅尔透镜把太阳光汇聚到玻璃均化器中，然后在光线向下反射到下部多色电池的同时混合太阳光线。各色功率密度一致

一组件的照片见本书第一章。

德国弗劳恩霍夫太阳能研究所（ISE）也在使用多色电池研发地面聚光组件。图8.9展示了室外测试中的ISE组件。目前，这一组件技术已投入生产，而上一章提到的Soitech HCPV电池阵就是采用了这项技术。

图8.9　弗劳恩霍夫太阳能研究所的地面聚光组件使用效率达到30%以上的多色电池，正在进行室外测试

8.7　聚光组件发展动态：卡塞格伦式光伏组件

2004年九月，我在JX晶体公司迎接了一位客人。Eli Shifman先生买了我的第一本书，看完书中的混合照明部分后，他发现我们可以用冷光镜作为卡塞格伦式组件的副镜来分离光谱，见图8.10。

这一理念使得我们能够通过两片简单电池的物理分离，实现热负荷分离，而这与国家可再生能源实验室资助的一项研究项目不谋而合。这个项目中，我们正积极研发综合效率共计40%的InGaP/GaAs和GaSb混合型电池。

卡塞格伦式这一名称来源于法国人卡塞格伦，他在1672年首次介绍了凹面主镜和凸面副镜构成的光学望远镜。主镜收集星光，并把星光反射到副镜，然后通过主镜小孔将星光反射到观察者眼中。如今，这已经成为常见的光学望远镜设计。应用到光伏组件领域的不同之处在于，星星变成了太阳，人眼变成了太阳能电池，而副

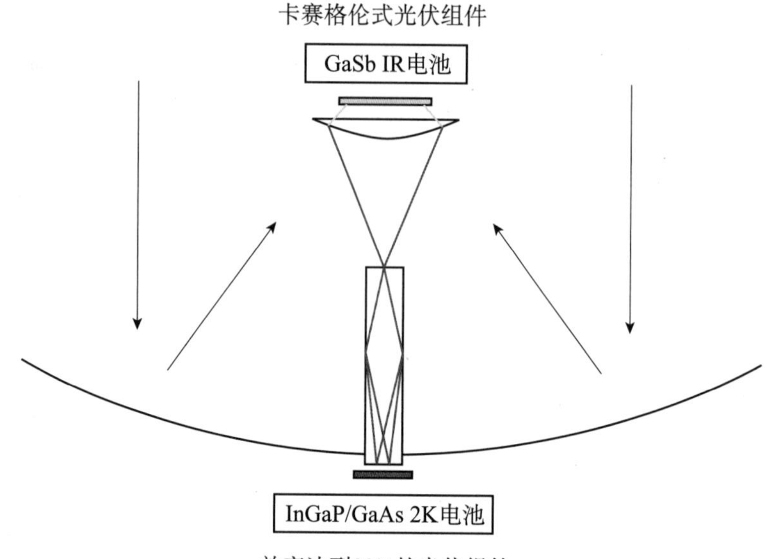

图 8.10　卡塞格伦式光伏组件概念使用分色副镜把光谱分成短波段和长波段以产生两个焦点

镜则要分离太阳光谱。在副镜后添加红外能电池能够进一步提高太阳能转化效率。

8.8 小　结

2006 年，Spectrolab 的 King 等人[17]在国家可再生能源实验室的一项合作研究中制成了在 240 倍聚光条件下效率高达 40% 的单片式 InGaP/GaInAs/Ge 三结电池。在 2006 年，Fraas 等人[2]结合 InGaP/GaAs 电池和 GaSb 红外能电池制成了效率高达 34% 的聚光组件，见图 8.3 右图中表示的混合型电池设计。

参考文献

[1] L. M. Fraas, R. C. Knechtli, Design of high efficiency monolithic stacked multijunction solar cells, in *13th IEEE Photovoltaic Specialist Conference*, p. 886 (1978)

[2] L. M. Fraas, J. Avery, H. Huang, L. Minkin, E. Shifman, Demonstration of a 33 % efficient cassegrainian solar module, in *4th World Conference on PV*, Hawaii (2006)

[3] L. Fraas, J. Avery. J, Gee. K. Emery, et al., Over 35 % efficient GaAs/GaSb stacked concentrator cell assemblies for terrestrial applications, in *21st IEEE PV Specialist Conference*, p. 190 (1990)

[4] R. P. Feynman, R. B. Leighton, M. Sands, *The Feynman Lectures on Physics*, 3 Vols (Addison-Wesley, New York, 1965)

[5] H. J. Hovel, J. M. Woodall, High efficiency AlGaAs-GaAs solar cells. Appl. Phys. Lett. 21, 379 – 381 (1972)

[6] Z. I. Alferov, V. M. Andreev, et al., Solar cells based on heterojunction p-AlGaAs-n-GaAs. Sov. Phys. Semicond. 4 (12) (1970) (Translated into English)

[7] R. Loo, R. Knechtli, S. Kamath, et al., Electron and proton degradation in AlGaAs-GaAs Solar Cells, in 13th *IEEE Photovoltaic Specialist Conference*, p. 562 (1978)

[8] L. Fraas, A new low temperature Ⅲ-Ⅴ multilayer growth technique: vacuum MOCVD. J. Appl. Phys. 52, 6939 (1981)

[9] L. M. Fraas et al., Epitaxial films grown by vacuum MOCVD. J. Crystal Growth 68, 490 (1984)

[10] L. M. Fraas et al., Epitaxial growth from organometallic sources in high vacuum. J. Vac. Sci. Technol. B4, 22 (1986)

[11] L. M. Fraas et al., High throughput vacuum chemical epitaxy. J. Crystal Growth 105, 35 (1990)

[12] L. M. Fraas, Near Term Higher Efficiencies with Mechanically Stacked Two-Color Solar Batteries, in *Solar Cells*, vol. 19, p. 73 (1986/1987)

[13] L. M. Fraas, W. R. Pyle, P. R. Ryason, Concentrated and piped sunlight for indoor illumination. Appl. Opt. 22, 578 (1983)

[14] J. E. Avery, L. M. Fraas, et. al, Lightweight concentrator module with 30% AM0 efficient GaAs/GaSb tandem cells, in *21st IEEE PV Specialist Conference*, p. 1277 (1990)

[15] A. Bett. G. Stollwerck, O. Solima, W. Wettling, Highest Efficiency Tandem Concentrator Module, in *2nd World Conference on Photovoltaic Solar Energy Conversion*, p. 268 (1998)

[16] R. R. King et al., Lattice matched and metamorphic InGaP/GaInAs/Ge Concentrator Solar Cells, in *3rd World Conference of PV Energy Conversion* (2003)

[17] R. R. King et al., 40% efficient metamorphic GaInP/GaInAs/Ge multijunction solar cells. Appl. Phys. Lett. 90, 183516 (2007)

[18] Gallium, U. S. Geological Survey, Mineral Commodity Summaries (2002)

第九章　太阳能光伏技术在电力领域的新发展

9.1　电力燃料

2014 年初，太阳能光伏的全球累计装机容量达到了 135 GW。值得注意的是，2013 年美国的太阳能装机容量达到 5 GW，相当于福岛核电站的发电容量。不过，太阳能光伏技术是如何适应更为广阔的美国整体发电版图规划的呢？2013 年年末，美国的总发电装机容量达 1100 GW，其中光伏累计装机容量达 13 GW。虽然仅占总容量的 1.2%，但是太阳能光伏容量现在正在迅速增长。2013 年，太阳能光伏装机容量增长了 41%。如图 9.1 所示，虽然与煤炭、天然气和核能相比，可再生能源容量仍相对较低，不过可再生能源和天然气预计将在接下来的几十年里逐步取代煤炭和核能[1]。图 9.1 为美国能源部下设能源信息署（EIA）所做出的预测，需要提醒读者的是，EIA 对可再生能源未来价值的预测往往较为保守。

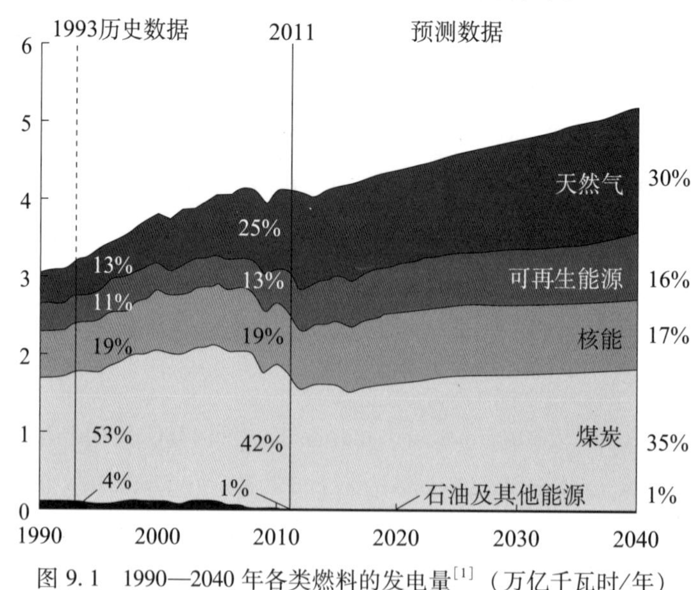

图 9.1　1990—2040 年各类燃料的发电量[1]（万亿千瓦时/年）

那么太阳能发电价格如何，每千瓦时多少美分呢？显而易见，这取决于装机地点的太阳光强度。美国的最佳太阳能装机地点位于太平洋西南岸各州。表 9.1 列出了目前美国西南部各州的电力价格[2]。价格取决于用户和应用情况。

表 9.1　2014 年 1 月的电力成本[2]

	住宅	商用
加利福尼亚州	16.6	13.4
亚利桑那州	10.9	9.3
内华达州	12.5	9.6
新墨西哥州	11.3	9.6
科罗拉多州	11.5	9.5

9.2　太阳能发电性价比更高

2013 年，德国弗劳恩霍夫太阳能研究所发布了一项关于太阳能光伏装机的 LCOE 研究[3]。研究结果如图 9.2 所示。

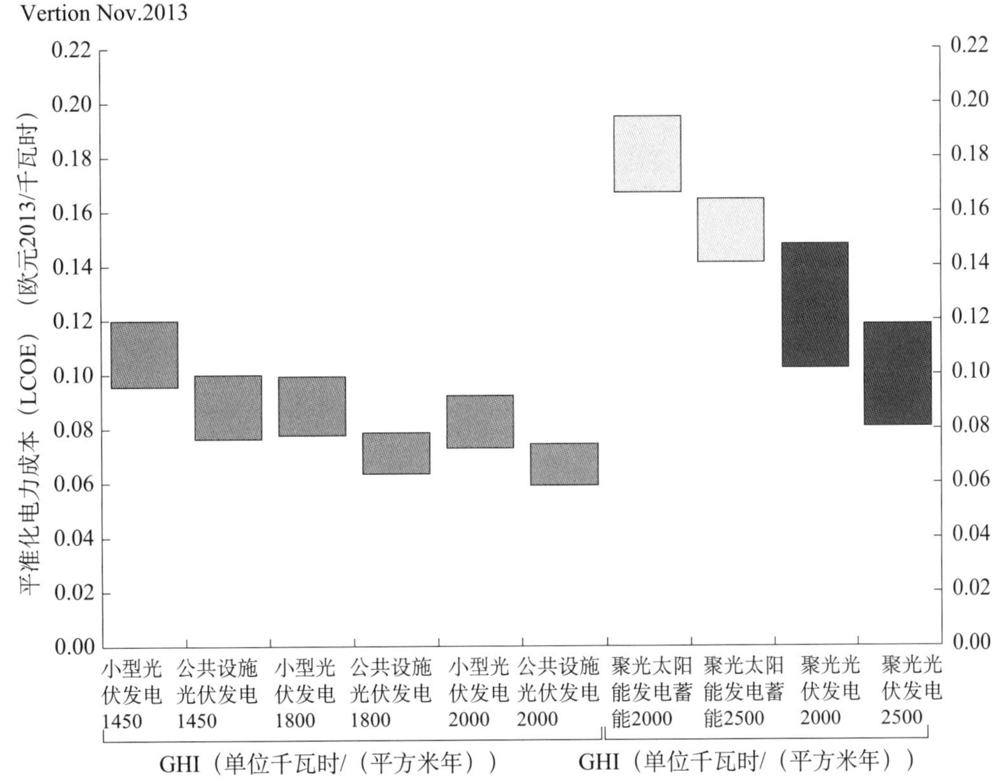

图 9.2　2013 年强太阳辐照位置的可再生能源技术[3] LCOE

注：各技术下的数值指太阳辐照强度（单位：千瓦时/平方米年）；GHI 表示光伏技术的相应值，DNI 表示聚光光伏和聚光太阳能发电技术的相应值。

低成本太阳能发电

由于美国太平洋西南岸任一常见太阳能装机位置的太阳能发电量约为 1800 ~ 2000 千瓦时/平方米/年，因此太阳能发电价格约在 6 ~ 9 欧分/千瓦时或 8 ~ 12 美分/千瓦时之间。因此，从表 9.1 可以看出，在美国太平洋西南岸太阳能发电的性价比较高。弗劳恩霍夫研究所的 LCOE 数据与图 9.3 的 LCOE 预测[4]基本一致，而图 9.3 表明，未来预计 LCOE 将继续下降。

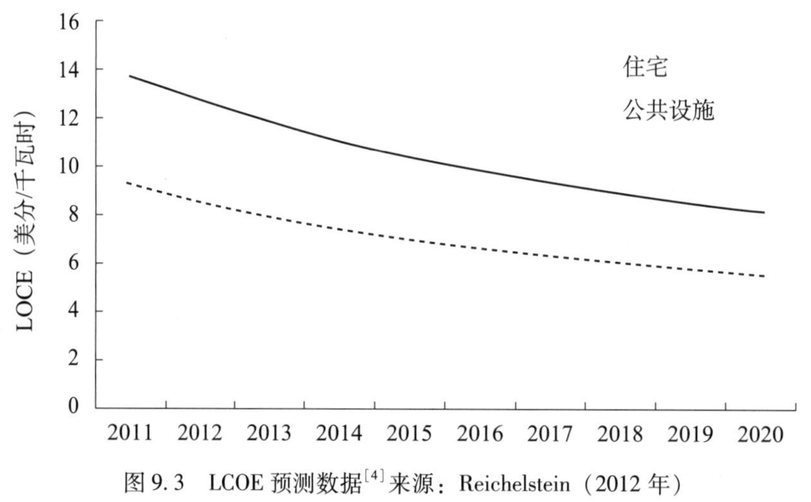

图 9.3　LCOE 预测数据[4]来源：Reichelstein（2012 年）

9.3　能源的间歇性与储能

有关可再生能源领域的伟大梦想是利用可再生能源避免全球变暖，拓展化石燃料在化肥、塑料和室内供热等最重要需求领域的应用。煤炭作为最不清洁的燃料，其每个英国热量单位（BTU）的煤炭产生的二氧化碳最多，约为天然气生成二氧化碳量的两倍，因此，天然气和可再生能源预计将在未来取代煤炭。

鉴于太阳能和风能均为间歇性能源，太阳能和风能在电力结构中的发展前景如何呢？表 9.2 以加利福尼亚为例初步回答了这一问题[5,6]。由于美国超过一半的太阳能屋顶都位于加利福尼亚，把加利福尼亚作为通向未来的窗口来研究似乎更有意义。

2014 年 2 月 6 日星期四，受美国东部严寒天气影响，天然气供热需求持续高涨，因此加州独立系统运营商不得不拉响能源紧急警报。没想到号称“凭借水力压裂法”实现“能源独立”的美国大陆居然还会有天然气短缺的地方。不过正如 Paul Gype[5]所说的那样，可再生能源成功地化险为夷。当时各种新型可再生能源十分充足。地热能、生物能、生物燃气和小水电全天稳定发电 1700 MW，相当于高峰

表 9.2　各种可再生能源的全天发电量

可再生能源	最高发电量出现时间	最高发电量（MW）	日发电量（MWh）
太阳热能	0:51	102	143
太阳能	12:55	1816	10446
风能	21:24	2710	42099
小水电	19:16	197	3056
生物燃气	23:25	209	4722
生物能	16:46	350	7897
地热能	10:32	902	21488
所有可再生能源			89851
系统全天电量总需求(MWh)			604018

注：该表列出了各种可再生能源在 2014 年 2 月 6 日报告当天的各类发电量数值。除非另有规定，否则所有数值均为每小时平均值。最高发电量为每分钟平均值。此外，该表还对所有可再生能源的发电总量（兆瓦时）和系统全天电量总需求做出了比较[6]。

期电力需求的 6% 左右。同时，太阳能光伏（太阳能 PV）发电量于中午前后达到峰值 1800 MW，而风能发电量在晚高峰期间高达 2700 MW。各种可再生能源的发电总量约为 2 月 6 日总耗电量的 15% 。在全天可再生能源发电量中，风能、地热能和太阳能光伏的比例分别为 50% 、25% 和 12% 左右。

未来，太阳能和风能将结合储能技术以解决间歇性问题[7-9]。而在图 9.4、9.5 和 9.6 中所示的大型兆瓦级风能和太阳能电厂项目中，这已经成为现实。

图 9.4　德国 Huntorf 空压储能厂[7]是世界上第一家和最大的公共设施级工厂（截至 2012 年 4 月）

低成本太阳能发电

图9.5　截至2013年末，阿本戈太阳能Solana发电站[8]是世界上最大的抛物线槽型聚光太阳能发电厂，同时也是美国第一家结合抛物线槽型太阳能技术和熔盐储能（MSES）技术的公共设施级太阳能发电场，能够存蓄长达6小时的太阳能热能，使电厂容量增加到41%

图9.6　锂电池蓄电系统正在为98MW风电场蓄能，AES Laurel Mountain电厂的32 MW锂电池蓄电装置[9]是美国同类蓄电装置中的最大装置

此外，社区级微电网实验也在进行中。图9.7展示了密苏里科学和技术大学进行的一项太阳能村实验。实验中，每个建筑分别配备5～10 kW的光伏系统。同时，还配备负责供应热水的太阳能热力系统。其中的蓄电组件由两组纳米级100 kW/100 kWh磷酸铁锂电池组成。该微电网还配备燃料电池和热回收装置[10]。

那么住宅级的间歇性和储能情况是怎样的呢？加利福尼亚为我们打开了一面通向未来的窗户。加利福尼亚的领先地位不仅表现在太阳能和风能发电量方面，同时还表现在新型电动汽车的登记数量方面，而这就为车辆到电网的蓄电技术提供了新

图 9.7　密苏里科学和技术大学太阳能村[10]

的发展契机。借助车辆到电网的创新技术，加利福尼亚就有可能在未来十年间用太阳能和风能发电成功取代煤炭和核能发电。

9.4　车辆到电网

电动汽车的常规价值在于其能够减少交通运输消耗的汽油，从而降低二氧化碳排放量和美国对外国石油的依赖性。不过，除此之外，电动汽车还可以作为储能装置，使可再生能源能够满足白天和夜晚的电力需求。通过这种运行方式，加利福尼亚能够用可再生能源取代煤炭和核能发电。最近，加利福尼亚发布了一项计划，力争在未来十年间制造 100 万辆电动汽车。据观察，如果能够制造约 170 万辆电动汽车和 12 GW 公用太阳能光伏/风能设施，加利福尼亚就可以用太阳能取代煤炭和核能发电。目前，在加利福尼亚有 24 GW 的公用太阳能光伏设施正在建设之中。

通常，我们用太阳能光伏设施满足高峰期发电需求，用煤炭和核能发电厂满足基本负荷发电需求。但是，煤炭这种不清洁燃料是温室气体的一大诱因，而核能发电厂的废物处理和安全事故频发的问题仍有待解决。同时，在交通运输方面，以汽油为燃料的汽车产生的汽车尾气也是温室气体的一大诱因。相比之下，电动汽车（EV）能够减少燃油汽车排放二氧化碳温室气体。2014 年，宝马、本田、福特、菲亚特、奔驰和大众继特斯拉、通用、日产和丰田之后纷纷开始销售电动汽车。这意味着在 2013 年的 242000 辆电动汽车之后，预计 2014 年将生产超过 403000 辆电动汽车[11]。通常情况下，电动汽车平均每天可以连续行驶2小时，可供充放电的电动汽车内配电池可以在剩下22小时以内的任何时段通过连接电网进行充电。而这就意味着我们可以利用太阳能、风能和水力等可再生能源发电厂给电动汽车充电，从而取代煤炭和核能发电厂。这一概念就是“车辆到电网”概念[12]。图9.8展示了与电网连接的本田新款Fit电动汽车[13]，而图9.9展示了正在室外充电站充电的电动汽车[14]。

图9.8　2010年洛杉矶车展上的本田Fit系列电动汽车[13]

图9.9　可持续城市设计之太阳能充电站的电动汽车[14]

图9.10显示了截至2013年12月的电动汽车累积销量[15]，其中有30%的电动汽车已销往加利福尼亚。而现在我们面临的问题是：加利福尼亚的公共设施是

否能够用太阳能和风能发电取代煤炭和核能发电？如果可以，什么时候才能实现呢？

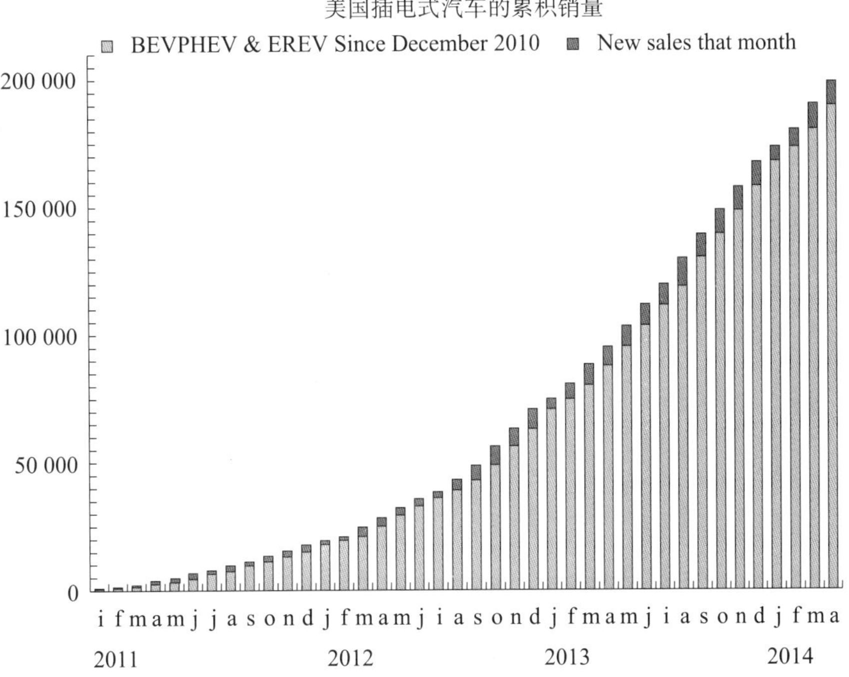

图 9.10　2010 年 12 月至 2014 年 4 月美国不同传动类型插电式汽车每月累积销量的历史趋势。插电式汽车销量在 2014 年 4 月迈过 200000 辆大关

9.5　车辆到电网概念

特拉华大学的 Cory Budischak 和 Willett Kempton 等人[12]发表了一项研究，为美国东北岸的 PJM 公用事业部提出了图 9.11 所示的电动汽车到电网概念，并指出综合运用风能、太阳能和电气化学蓄能能够在 99.9% 的时间内为 PJM 电网供电。由此可见，这一概念非常有前景。那么这个概念首先会在哪里实施呢？作为在世界和美国范围内太阳能装机量和电动汽车销量方面处于领先地位的地区，加利福尼亚很有可能成为首个实施车辆到电网概念的地方。

9.6　车辆到电网技术在加州的发展机遇

要在加利福尼亚取代煤炭和核能发电需要多少辆电动汽车和多少太阳能呢？表 9.3 给出了回答这个问题需要输入的信息[16]。

低成本太阳能发电

太阳能到电网充电的电动汽车电池

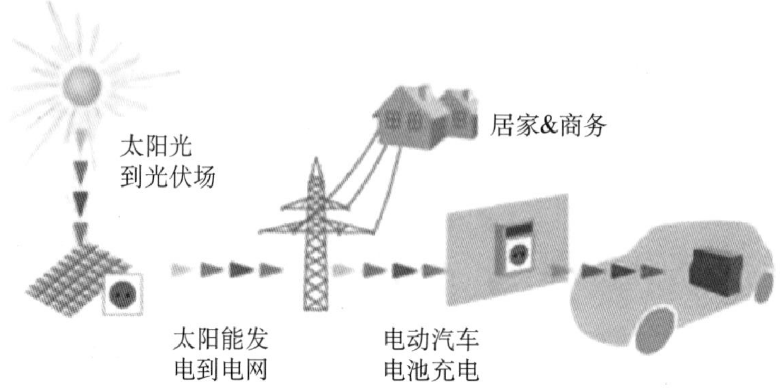

在夜间或多云天气使用的电动汽车备用电池

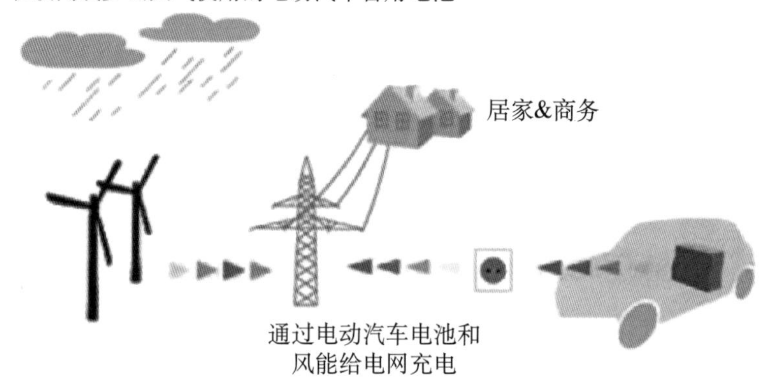

图 9.11　电动汽车到电网概念

表 9.3　2012 年加利福尼亚发电量（千兆瓦时）

加利福尼亚发电量加上净进口发电量	301966
水力发电总量	27459
大型水力发电	23202
小型水力发电	4257
核能发电	18491
州内煤炭发电	1580
石油发电	90
天然气发电	121716
直接进口煤炭发电	9716
其他进口发电	93149

根据已有信息，我们可以做出以下计算。以每次充电时电池容量为 85 kWh 的特斯拉 S 型电动汽车为例，该电池容量部分用于每日交通。假设用于电网充电的电动汽车电池容量为 50 kWh，而且每天都进行充放电，那么平均一辆电动汽车每年的蓄电容量就为 50 × 350 = 17500 kWh。加州现有 50000 辆电动汽车，这就说明当前潜

在的电动汽车蓄电容量为 $50000 \times 17500 = 50 \times 17.5$ GWh = 875 GWh。

从表 9.3 可以看出，2012 年加利福尼亚州内煤炭发电量为 1560 GWh，那么要取代加州州内煤炭发电，需要多少辆电动汽车呢？需要 $1.56 \times 10^9/1.75 \times 10^4 = 0.89 \times 10^5 = 89000$ 辆电动汽车。现在我们要进行一项有趣的工作，即把这一数字与表 9.4 预测的按照每年销售额增长 40% 的速度，到 2020 年预计达到的电动汽车数量进行比较。这样在理论上到 2014 年底，加利福尼亚所拥有的电动汽车数量足以满足取代煤炭发电的条件。

要取代加州煤炭进口发电需要多少辆电动汽车呢？同理，需要 $9.72 \times 10^5/1.75 = 555000$ 辆电动汽车，根据表 9.4，加州预计将在 2017 年底实现这一目标。

表 9.4　假设销售增长率为 40%，预计未来加利福尼亚电动汽车的数量

每年新增电动汽车数量	年份	加利福尼亚电动汽车累积数量
50000	2013	
70000	2014	120000
98000	2015	220000
140000	2016	360000
200000	2017	560000
280000	2018	840000
390000	2019	1230000
550000	2020	1780000

要取代加州核能发电需要多少辆电动汽车呢？答案是 $18.5 \times 10^5/1.75 = 106$ 万辆，预计将到 2019 年实现这一目标。由于加利福尼亚现存的 Diablo Canyon 2.2 GW 核电厂位于多处地震断裂线上，而且邻近太平洋岸，这种趋势可以说是众望所归[17]。

要同时取代加利福尼亚的煤炭和核能发电需要多少辆电动汽车呢？答案是 170 万辆，预计将到 2020 年实现这一目标。鉴于目前加利福尼亚拥有 2200 万辆汽车，我们要做的就是用电动汽车取代其中 1.7/22 = 8% 的车辆。

最后一个问题是：要同时取代加利福尼亚的煤炭和核能发电需要多少太阳能发电量呢？根据表 9.3，假设基础负荷的容量系数为 90%，那么总计 29767 GWh 的煤炭和核能发电量就相当于 4.2 GW，而这相当于 29767/ 2500 = 11.9 GW 每天 7 小时的太阳能电量。这与 Kempton 等人[12]所建议的约为 3 倍的光伏/风能发电容量系数一致。

根据 2013 年底制定的基于年市场需求的 2014 年 2 月 3 日 Mercom 太阳能报告，

低成本太阳能发电

美国约有 2000 个非住宅类太阳能光伏输电项目，而这代表了近 40 GW 的潜在光伏容量[18]。加利福尼亚占据了 40 GW 输电项目中超过 60% 的容量，奠定了其作为美国领先市场的地位。而实际上，如果在全球范围内进行比较，加州位列 2013 年第四大全球光伏市场。加州占 40 GW 输电项目的 60%，这意味着加州的太阳能光伏输电项目容量高达 24 GW，远远超出在加州同时取代煤炭和核能发电厂所需的 12 GW 左右的容量。

参考文献

[1] http://www. eia. gov/pressroom/presentations/sieminski_ 06052013. pdf

[2] http://www. eia. gov/electricity/monthly/epm_ table_ grapher. cfm? t = epmt_ 5_ 6_ a

[3] http: // www. ise. fraunhofer. de/en/publications/veroeffentlichungen-pdf-dateien-en/studien-und-konzeptpapiere/study-levelized-cost-of-electricity-renewable-energies. pdf

[4] http: // www. law. stanford. edu/sites/default/files/publication/359530/doc/slspublic/prospects_ for_ cost_ competitive_ solar_ pv_ power. pdf

[5] http://www. renewableenergyworld. com/rea/news/article/2014/02/ renewables-provide-15-of – supply-during-california-emergency-time-to-go-100-renewable

[6] http://content. caiso. com/green/renewrpt/20140206_ DailyRenewablesWatch. pdf

[7] http: // www. cleanenergyactionproject. com/CleanEnergyActionProject/Energy_ Storage_ Case_ Studies_ files/Huntorf %20Compressed%20Air%20Energy

[8] http: // www. cleanenergyactionproject. com/CleanEnergyActionProject/Energy_ Storage_ Case_ Studies_ files/Solana%20Solar%20Energy%20Generatin

[9] http: // www. cleanenergyactionproject. com/CleanEnergyActionProject/Energy_ Storage_ Case_ Studies_ files/AES%20Laurel%20Mountain%20Plant. pdf

[10] http: // www. renewableenergyworld. com/rea/news/article/2014/03/ solar-decathlon-houses-make-up-a-solar-village-to-test-microgrid-technology

[11] D. Undercoffler, *Electric-Vehicle Production Worldwide Forecast to Surge* 67% in 2014 Los Angeles Times, 4th Feb 2014. http://www. latimes. com/business/autos/la-fi-hy-autos-electric-vehicle-global-production-forecast-201420140204, 0, 4398852. story#axzz2sUjsSoRm

[12] C. Budischak, D. Sewell, H. Thomson, L. Mach, D. E. Veron, W. Kempton,

Cost-minimized combinations of wind power, solar power and electrochemical storage, powering the grid up to 99.9 % of the time. J. Power Sources 225 (2013), p. 60e74

[13] http://commons.wikimedia.org/wiki/File: Honda_ Fit_ EV_ 2010_ LA_ Auto_ Show.jpg

[14] http://en.wikipedia.org/wiki/File: Ombri%C3%A8re_ SUDl_ -_ Sustainable_ Urban_ Design_ %26_ Innovation.jpg

[15] http://en.wikipedia.org/wiki/Plug-in_ electric_ vehicles_ in_ the_ United_ States

[16] http://energyalmanac.ca.gov/electricity/electricity_ generation.html

[17] http://en.wikipedia.org/wiki/Diablo_ Canyon_ earthquake_ vulnerability

[18] http://www.energianews.com/newsletter/files/16687e649ddd69d699c540e31e2ebl2e.pdf

第十章　红外光伏技术在室内太阳能光电联供方面的应用

10.1　管送聚光用于室内照明的概念

众所周知，太阳能可以转化成有价值的热能和电能，而且太阳光能可以直接用于照明，但是，太阳光的经济价值并未得到广泛重视。

为了帮助大家理解太阳光的价值，我们来看看以下两个太阳能系统。在第一个系统中，太阳能电池通过沙漠上的一处公共设施捕获太阳光，并以 10% 的效率将其转化为电能；然后，电能经由电缆输送到建筑物；在建筑物中，电能又以 20% 的效率重新转化为光能。这个系统中仅有 2% 的太阳能成功被转化为有用的照明能量。第二个系统中，假设通过房顶捕获的太阳光经过聚光通过光缆输送到高架照明灯具而其间的传输损耗仅为 50%，这样就把太阳光的利用效率提高了 25 倍。由于太阳能照明系统能够直接取代电能，太阳光中的能量在照明方面的价值超出了其在发电方面的价值。

本文之所以探究聚光管送太阳光技术是因为它不仅使用硬件聚集太阳光，而且通过使用为效率高达 35% 的 GaAs/GaSb 聚光太阳光应用而发明的作为其增强电池的 GaSb 红外能电池，可以把由此聚集的太阳光辐射中的红外线部分直接转化成电能。这些红外光感电池还可用于下一章介绍的热光伏系统（TPV）。

几百年以来，我们在用窗户和天窗采光的过程中充分意识到了太阳光的重要价值。但是，电气照明往往在室内更为常用，即使是在白天也是如此。这是因为，与窗口采光相比，电气照明具有一些我们所需要的特性。其中包括：（1）高空照明。（2）能够提供很好的室内照明。（3）照明亮度适宜。（4）照明亮度稳定。（5）照明可控制（开关、亮暗和可携带性等）。

窗口采光无法提供高空照明和很好的室内照明，而且，窗口采光的照明亮度随着一天之内光亮强度的变化而改变。比如，早上直射进入朝东窗户的光线要比下午散射进入同一窗户的光线的强度大得多。

图 10.1 所示的概念克服了窗口采光的这些问题，在这个概念中，追踪聚光器把太阳直射光汇聚起来，聚焦到光导管，以供输送到室内高空照明灯具使用[1]。光导管的安装方式与喷水灭火系统或电缆输电系统类似。

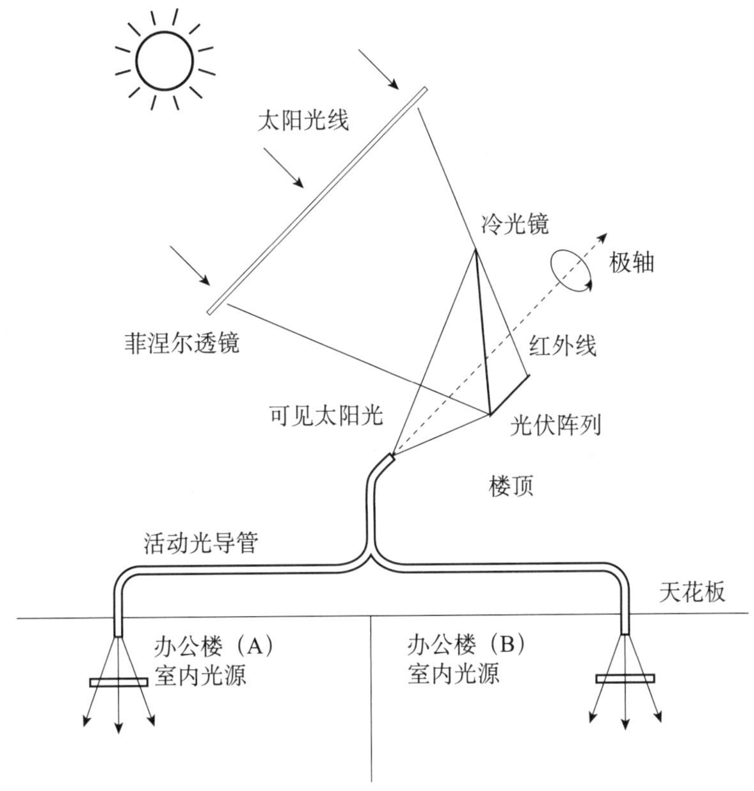

图 10.1　聚光管送照明概念在室内照明中的应用原理，其中红外能导向红外光敏光伏电池板（1983 年由当时就职雪佛龙公司的笔者提出）

由图 10.1 我们可以注意到，汇聚到一起的太阳光辐射射入分束器，其中可见太阳光被反射进入光导管，而红外线部分通过太阳能光伏（PV）阵列传播，从而转化成电能。

10.2　橡树岭国家实验室研究团队

2002 年，由橡树岭国家实验室（ORNL）的 Jeff Muhs 和内华达大学的 Byard Wood 教授带领的一个团队开始使用聚光管送太阳光技术研发这一概念在室内照明中的应用[2]。JX 晶体正在积极研发这一应用需要的红外线光敏光伏阵列。该研究团队由美国能源部资助。

由于聚光管送太阳能照明系统的室内光源需要同时包括通过内置控制元件调控夜间和多云天气照明要求的太阳光照明和荧光或 LED 照明，因此研究团队把该系统称为“混合照明”系统。在加入红外线光伏阵列后，研究团队把该系统称为“全光谱太阳能”系统。

在以下章节中，我将首次详细介绍这种太阳光照明概念。研究表明，每瓦可见太阳光能够取代可以用于荧光照明和空调的两瓦电量。而通过置换电量节省的成本将在 3 年左右的时间内抵消聚光器、追踪器和光导管的费用。

本章最后部分介绍了红外线光敏 GaSb 电池阵列的设计和制备过程。研究表明，该阵列能够把聚光红外线自由能转化成电力密度为 1 瓦/平方厘米的电量，而该电力密度是平面硅电池的 100 倍。因此，光伏发电的成本低至不到 1 美元/瓦。

10.3 ORNL 概念与经济潜力

ORNL 聚光管送太阳光系统使用盘面镜取代图 10.1 所示的菲涅尔透镜进行太阳聚光。该 ORNL 屋顶集中器的详情如图 10.2 所示。要注意这里的副镜是其后配有红外光感光伏阵列的冷光镜。图 10.3 展示了安装于办公楼楼顶上且包含混合光源及控制元件的完整 ORNL 系统的原理[2]。

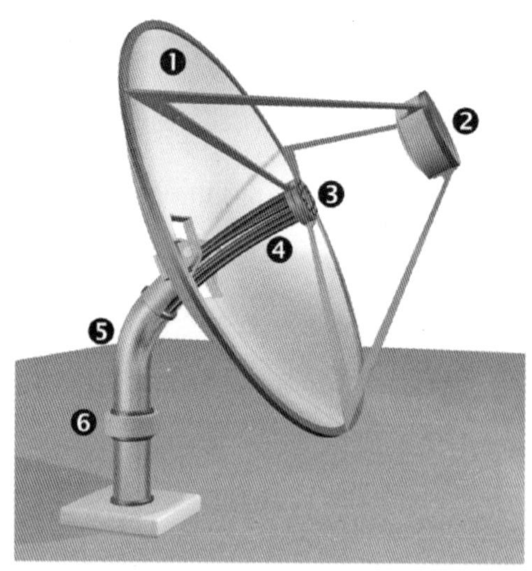

图 10.2　橡树岭国家实验室（ORNL）的屋顶盘面镜太阳能聚光器原理图，包括①直径为 1.8m 的主镜②光学辅助元件（冷光镜和聚光光伏电池阵列）③光纤底座④粗芯光纤⑤内置高度追踪装置的弯角支架⑥方位追踪装置

橡树岭国家实验室的 Jeff Muhs 之前曾指出，照明是商业建筑能源终端使用中规

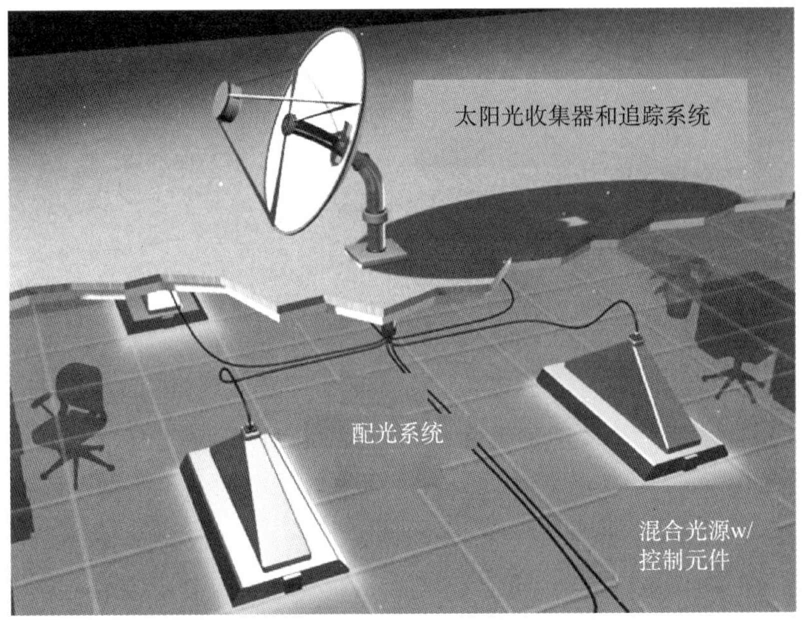

图 10.3　从可见光焦点到光纤灯管进而输入配光系统的 ORNL 系统原理

模最大的单一能源应用，而建筑业代表了美国最大的能源终端使用市场。我们也可以将上述观点进行量化。在一项能源部的研究合同中，一名独立评估员保守估计认为，仅就美国而言，到 2020 年，全光谱太阳能系统的广泛应用将：

- 节省超过 300 亿 kWh（ >0.3 Quads）的能源。
- 达到超过 50 亿美元的经济效益。
- 减少超过 5 MtC 的碳排放。

而在全球范围内，上述影响很有可能随着数量级的增长而增强。

过滤太阳光的每瓦流明数要高于荧光照明，而这正是太阳能照明技术具有极高经济价值的原因。表 10.1（摘自一项能源部报告）说明了全光谱混合照明系统中太阳光谱能量的使用原理。表 10.1 把太阳光谱分为可见和红外部分，而图 10.4 则直观地展示了这两部分。大约 970 W/m^2 的太阳能包括大约 490 W/m^2 的可见能（波长 <0.7 微米）和大约 480 W/m^2 的红外能。在太阳能照明方案中，太阳可见能取代了 930 W 供照明和冷却使用的电能。此外，太阳红外能也被转化为 70 W 的电能。

如表 10.1 所示，过滤太阳光（200 lm/W）的每瓦流明数要高于荧光灯（62 lm/W），因此 490 W 的过滤太阳光能够替换大约 800 W 的原本供照明使用的电量。而且，由于建筑内散热减少，空调负荷降低将额外追加 130 W 的电量。因此，490 W 的过滤太阳光能够替换 800 + 130 = 930 W 的电量。换言之，1 W 太阳光基本上能够替换

表 10.1　混合照明系统的能量替换

490 W	可见太阳能/ m^2
×200 lm/W	过滤太阳光光效
=98000 lm	现有可见光
×0.5	被动传输损耗
=50000 lm	传输光量
÷63 lm/W =800 W	电灯/镇流器/光源效率
+130 W	冷负荷追加量
=930 Watts	替换电能/ m^2
结论 1：电力密度 490 W/m^2的太阳可见能可以替换 930 W 的电能	
480 W	红外太阳能/m^2
−10 % =432 W	采集损耗
×18% =78 W	红外能转化效率
×90%	直流/交流转化效率
=70 W	发电量/m^2
结论 2：电力密度 480 W /m^2的太阳红外能可以使用光伏电池生成 70 W 的电能	
最终结论：全电网替换电能 =930 +70 =1 kW/m^2	

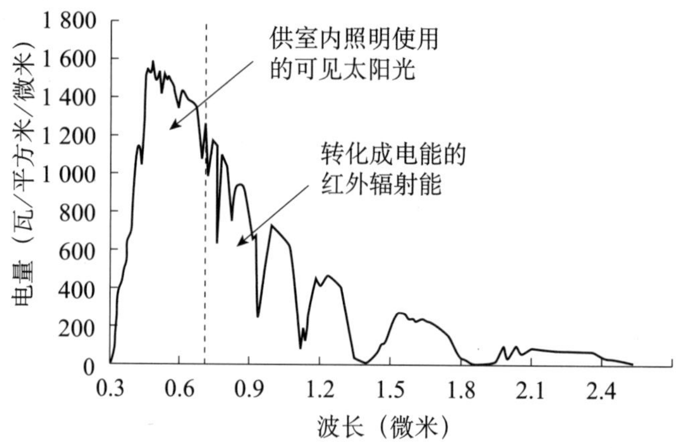

图 10.4　空气质量 1.5 条件下的太阳光谱

其中 0.7 微米处的虚线把光谱分为可见和红外部分

2 W 电量。而表 8.1 也表明红外线中存在的每平方米 480 W 的能量也可以得到利用。通过使用 GaSb 电池阵列，大约能产生 70 W 有用电量，从而将 1 平方米太阳光替换或生成的总瓦数提高到了 1 kW 左右。

能源部还资助了一项关于全光谱混合照明系统成本的研究。在该项研究对该系统未来可能成本的分析中，假设聚光镜面积为 2.5 m^2。鉴于 2.5 m^2系统应该能够替换和生成 2.5 kW 电量，研究预测该系统组件、装机和维护费用总额将达到 2100 美元，或者在假设进行大规模采用、生产和装机的条件下可达到 84 美分/瓦。

10.4　ORNL 演示样机

迄今为止，已制备出样机的各种组件，如图 10.5 所示。该图以照片形式展示了安装于 ORNL 实验楼屋顶的聚光器和配有光漫射终端段的室内照明用光导管。

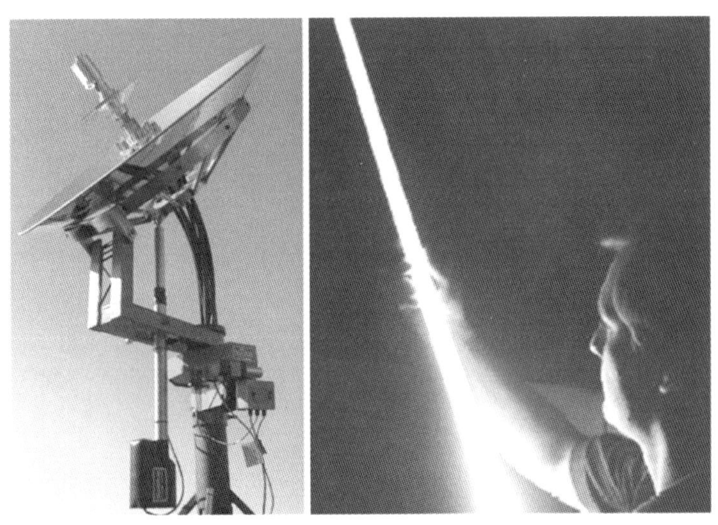

图 10.5　结合 JX 晶体研发红外光伏阵列的混合照明

10.5　红外光伏阵列的设计、制备与性能

该部分重点介绍了供上述全光谱混合太阳照明系统使用的红外光感光伏阵列。JX 晶体已经完成专为该系统使用设计和制备的阵列，并且对其性能进行了测量[3,4]。在图 10.2 和表 10.1 中，安装在混合收集系统顶部的“冷光镜”将 480 W/m^2 ×2.5 m^2 ×0.9 =1120 W 的聚集红外辐射能一直传输到光伏回路，从而被进一步转化成电能。为保证红外强度的高度一致，需要安装在天线顶端组装密度较大的 IRPV 阵列回路。对回路进行冷却，防止回路受到强辐射而过热。

图 10.6 以照片形式展示了 JX 晶体公司制备的 IRPV 回路。与传统硅太阳能电池相比，GaSb 回路采集的红外能更多。在这一应用中，GaSb 电池可以捕获 0.7 ~ 1.8 微米波段的红外能，而传统硅电池仅能捕获范围相对较小的 0.7 ~ 1.1 微米波段的能量。如该图所示，电池阵列以屋顶板形式安装在适合金属基底的薄膜电解质上的金属板之上。每个电池的底部将与同一排中之前放置电池的顶部总线焊接到一起。每一排电池在后部串联，从而以 81+ % 有效面积密度完成 IRPV 回路。

该应用使用红外漫射锥面将 IRPV 接收器安装在顶部镜面之后，而同时该锥面

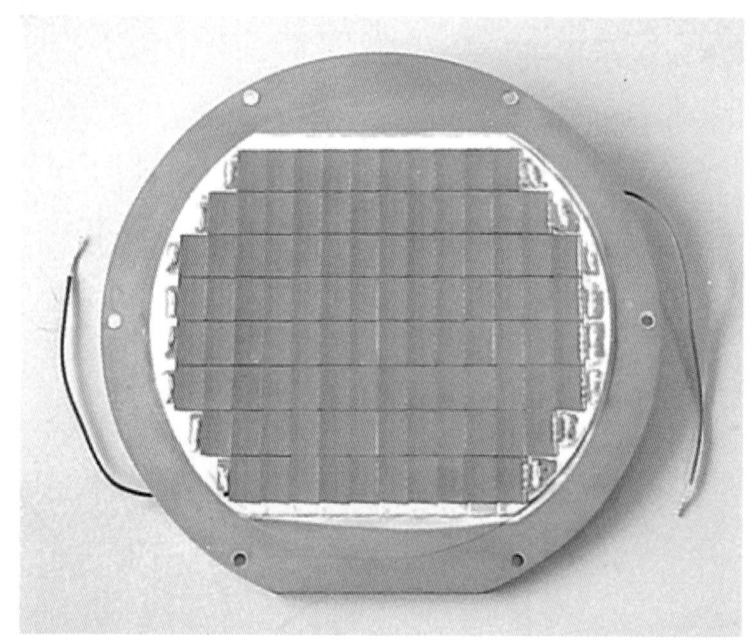

图 10.6　第一台混合照明系统用红外光感光伏电池阵列。该 100 块电池阵列采用 GaSb 电池制成，有效总面积达 180 cm^2，可生成电量达 177 W

的高度反射内表面形成了射入红外线的亮度分布。这是因为，在电池串联连接期间，所有电池一旦接收到相等的可转化红外能，无论亮度如何都将实现最大输出电量。

接收器回路基片直接安装在带内置冷却风扇的阵列散热器之上。假设一面太阳聚光镜的面积为 2.5 m^2，那么这种 100 块电池阵列应该可以生成 $2.5 \times 70 = 175$ W 左右的电量。该电池阵列的有效面积约为 180 cm^2。同时，冷却风扇大约需要 5 W 电量。虽然我们已经采用塑形镜和使用 GaSb 红外光感电池的冷却风扇，设计并建成了这种屋顶板式光伏阵列，不过该接收器设计的专利申请书上注明还可以使用硅电池等传统类电池。

这种混合照明和光伏技术的优势在于，位于太阳能焦点位置的 IRPV 阵列能够实现较高电力密度，从而降低光伏发电成本。我认为可以以 100 美元的成本实现光伏阵列的大批量生产。假设阵列输出电量为 175 W，那么相应的发电成本则为 100/175 = 57 美分/瓦。在最近的二十五年，达到低至 50 美分/瓦的成本一直是太阳能电池业界的伟大梦想。而现在这一成本目标终于不再遥不可及，这是因为太阳能照明节省的费用能够抵消系统成本，而且光伏发电大约能达到 1 W/cm^2 的电力密度，远远高于传统的平面太阳能阵列的 0.01 W/cm^2。

有趣的是，某领域的一项创新可以应用于多个领域。在当前的案例中，作为效率35%的太阳能光伏聚光系统的增强电池而发明的 GaSb IRPV 电池还可以应用于聚光管送太阳光室内照明系统。在下一章节中我们还可以看到，GaSb IRPV 电池还可用于热光伏（TPV）系统。该系统可以在需要供热的夜间或寒冷的多云天气进行发电供热。

参考文献

[1] L. M. Fraas, W. R. Pyle, P. R. Ryason, Concentrated and piped sunlight for indoor illumination. Appl. Opt. 22. 578 (1983)

[2] See www. ornl. gov/hybridlighting/partnership. htm

[3] L. M. Fraas, W. E. Daniels, J. Muhs. *Infrared Photovoltaics for Combined Solar Lighting and Electricity for Buildings.* Proceedings of 17th European PV Solar Energy Conference, Munich, Germany, 22 – 26 October 2001

[4] L. M. Fraas, J. E. Avery, Takashi Nakamura, *Electricity from Concentrated Solar IR in Solar Lighting Applications.* Proceedings of 29th IEEE PV Specialist Conference, p. 963 (2002)

第十一章　基于红外热敏电池的热光伏技术

地球并不是总能收到太阳光照，这一点对太阳能发电来说非常不利。来自太阳的热量不是随时都有，所以就需要不时地燃烧燃料获取热量。核电站不会向家庭供暖，而烧煤取暖又太脏。因此，天然气、丙烷以及民用燃油成为今天家用取暖的常见燃料。此外，需要对这些燃料进行保护，使其尽可能长期地提供热量。当前，常规电厂使用天然气发电。在联合循环燃气发电厂，他们可将燃料中近一半的化学能转化为电能，剩余一半的能量以废热形式排空。但是，热光伏（TPV）可以在家中实现发电和取暖，且燃料利用率超过 90%。如此算来，家庭发电的燃料利用效率接近常规电厂的两倍。因此，从理论上来讲，在家用炉火上加热一块陶瓷元件，待其受热并发出红外射线后在其周围安装红外光伏电池，我们就可以通过转化红外为电能，实现电热联产了。这一过程就称为热光伏。

太阳是一个温度可达 6000 K 的高温辐射源，其辐射峰值波长为 0.5 微米，这个波长正好位于可见光谱中。我们称该光波为可见光是因为人类的眼睛已经进化到可以适应太阳光线。人造热源在热量和亮度方面远不及太阳，人造热源峰值波长就归为红外射线范畴。例如，碳氢燃料燃烧火焰温度约为 2000 K，在该温度条件下，峰值波长为 1.5 微米。GaSb 红外 PV 电池响应的波长为 1.8 微米，因此相比太阳射线，使用人造辐射源发电是一个近乎完美的方案[3]。

11.1　热光伏概念

当前使用人造热源太阳能电池发电仍是一个新概念[4]。GaSb 电池于 1989 年问世[1]。在此之前，没有任何一种电池可以满足红外波长分布的要求[3]。GaSb 是作为聚光光伏系统的一种增压电池发明的[1]，在热光伏系统应用方面十分喜人[3]。GaSb 电池在热光伏系统和聚光光伏系统太阳能系统中产生的功率密度都十分高，区别在于，在热光伏系统中，GaSb 电池变为了能用因素。在热光伏系统中，因为“人造太阳”距离电池仅有几英寸远，而不是 9300 万英里，所以当前已可产生2 W/cm^{2}的功率密度。第一台使用 GaSb 电池点火的燃料发电机于 1994 年问世，功率密度达 1.6

W/cm^2[3]。

图 11.1 展示了热光伏基本概念。在热光伏装置中，使用加热器或火炉燃烧甲烷或丙烷等燃料气并在火焰上方安装陶瓷元件。陶瓷元件发出强烈的红外射线，发射器周围的光伏矩阵随之将红外能量转化为电能。因此，热光伏系统可以实现热量和电能联产。

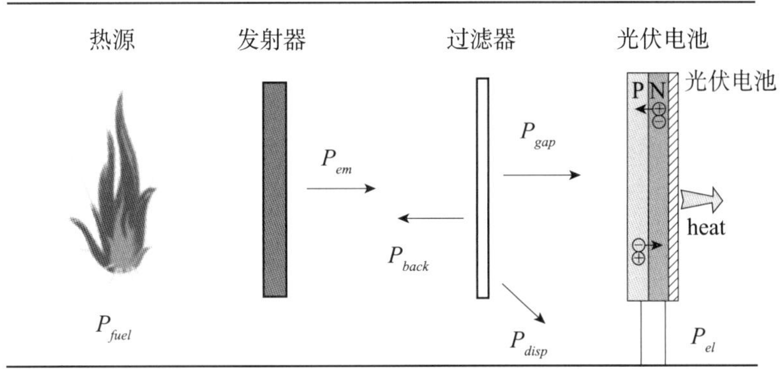

图 11.1　热光伏概念：在热光伏装置中，使用加热器或火炉燃烧甲烷或丙烷等燃料气并在火焰上方安装陶瓷元件。陶瓷元件发出强烈的红外射线，发射器周围的光伏矩阵随之将红外能量转化为电能

11.2　热光伏历史背景

热光伏第一次由 Kolm 于 1956 年在 MIT 林肯实验室展示[4]，当时他将一个最新问世的硅太阳能电池布置在 Colman 灯的灯罩边。当时，该领域尚未取得重大突破，热光伏的研发基金十分有限。GM 的 Werth 意识到[5]，既然硅可能适用于 6000 K 温度的太阳辐射光谱，那么根据维恩位移定律 $\lambda_{max}T = 2898\ \mu m\ °K$，能带隙更低的光伏电池可能会更为合适。Werth[5] 最早展示了使用丙烷加热的发射器和锗（Ge）电池的热光伏系统（1963），该发射器温度为 1700 K，与 1.7 μm 的黑体峰值波长一致。但是使用黑体红外发射器存在一个问题，即 1700 K 发射器发出的射线中，仅有 25% 的射线分布于波长小于 1.7 μm 的电池相应带中，剩余 75% 的废热仅仅加热了热光伏电池。此外，军队的 Guazzoni 在 1972 年提出了使用氧化稀土红外发射器的想法[6]，氧化稀土红外发射器可以放射射线到光伏电池相应带。不幸的是，锗电池的性能表现很差。随后，Fraas 等人[1,2] 在 1989 年发明并展示了光谱响应为 1.8 μm、带隙能量为 0.72 eV GaSb 电池，性能表现近乎完美。

11.3 热光伏关键部件和要求

图 11.2 是 JX 晶体公司制造的 GaSb 电池和电路。电池是热光伏系统的一个核心部件，能将电池相应带在 0.4 至 1.8 微米之间的 30% 红外转换为电能。但是，在产生高能电量的同时避免电池过热是热光伏系统使用该电池的一个要求。理论上说，仅发出电池可以转化的红外波长带即可实现该要求。Guazzoni 提出了使用氧化稀土红外发射器实现该目的，但是这一设想仍存在问题，见表 11.1。

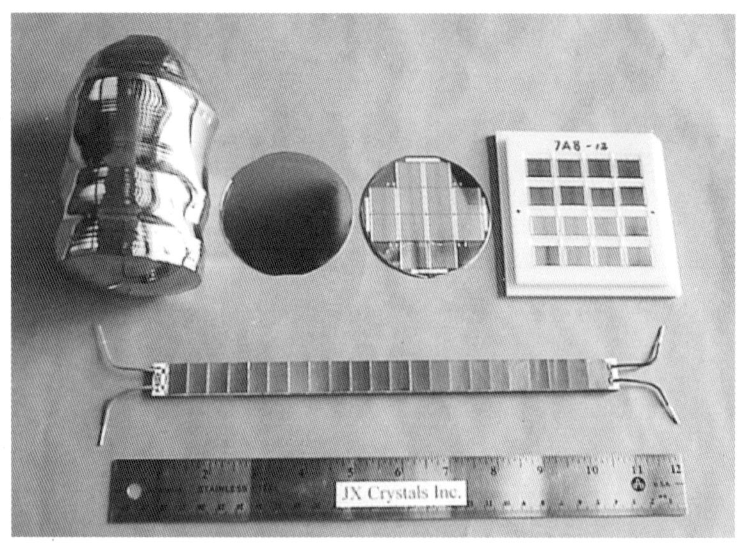

图 11.2　JX 晶体公司制造的 GaSb 晶体、晶片、电池和电路

表 11.1 展示了 1500 K 发射器的四种情况。第一行是黑体（BB）发射器（案例Ⅰ）。按上文所述，黑体发射器的问题在于发射的总红外量中仅有一小部分（1500 K 时为 21%）分布于电池的可转换带上。此外，当电池发出的功率密度为 1.8 W/cm^2 时，电池热载荷达到 28.1 W/cm^{2}时，载荷过高。表 11.1 第二行显示的是氧化稀土发射器（案例Ⅱ）。可以看出，氧化稀土的问题在于辐射线狭窄造成电池可转化带接收到的红外量更少为 0.27 W/cm^2）[7]。因此，即使长波长热负载降低后，6.6% 的有用功率和热负载（热光伏系统效率）比率仅比黑体发射器的 6.2% 稍高。

Fraas 和 Ferguson[8]发现通过使用 D 级转换器替代 F 级氧化稀土的陶瓷红外发射器，可提高电池功率密度和光谱效率，Ferguson 和 Dogan[9]对这一发现成果进行了展示。图 11.3 为掺氧化镍的氧化镁光谱选择性结果，表 11.1 案例Ⅲ为热光伏性能改善。在该情形中，电池发出的电功率上升为 1.6 W/cm^2，而可控热负载为

表 11.1　1500K（1227℃）条件下辐射能（W/cm^2）波长（微米）分布

	0.4～1.8 （W/cm^2）	1.8～4 （W/cm^2）	4～12 （W/cm^2）	0.4～12 微米 （W/cm^2）	频谱效率 （%）	30% 红外能电池效率（%）
案例Ⅰ：黑体	5.9	15.4	6.8	28.1	21	0.3×5.9/28.1=6.2
案例Ⅱ：磷酸铒（EAG）和热玻璃	0.9	1.5	1.7	4.1	22	0.3×0.9/4.1=0.27/4.1=6.6
案例Ⅲ：氧化镍/氧化镁和热玻璃	5.3	1.5	1.7	8.5	62	0.3×5.3/8.5=1.6/8.5=18.8
案例Ⅳ：高/低过滤器和热玻璃	5.9	1.5	1.7	9.1	65	0.3×5.9/9.1=1.8/9.1=19.5

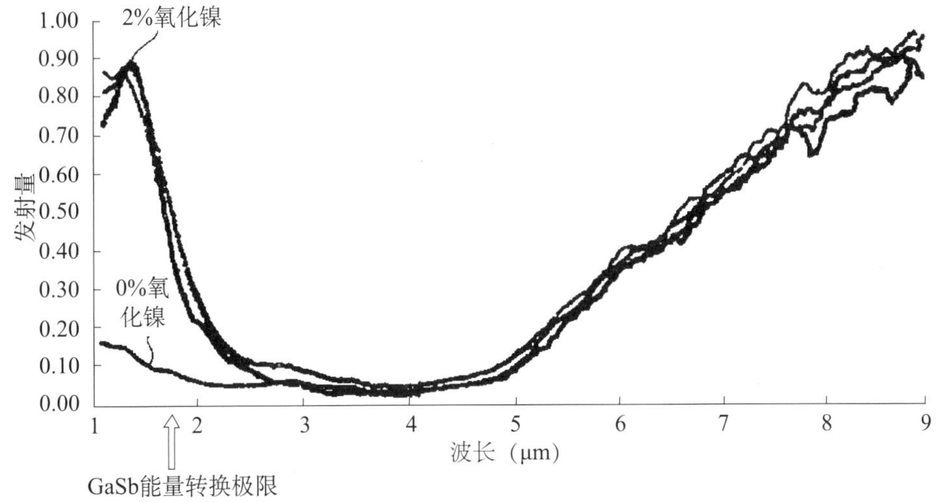

图 11.3　1268 和 1404 ℃条件下掺 2% 氧化镍的氧化镁淬带光谱发射度测量结果[9]

注：掺 2% 氧化镍的氧化镁发射器辐射系数在该温度范围内几乎恒定，同时与未掺 2% 氧化镍的氧化镁带辐射系数进行对比结果显示波长低于 1.9 μm 时，光伏电池可以充分转换辐射能。此时，前者辐射系数远高于后者，但是前者对长波发射率有轻微影响。

8.5 W/cm^2，热光伏系统效率达到 18.8%。表 11.1 案例 Ⅳ 描述了在某些额外条件下，利用高/低界面过滤器的黑体发射器提高热光伏系统效率的情形，具体见下文。

11.4　热光伏应用

在过去的许多年里，我们已经见证了 GaSb 电池的热光伏系统的广泛用途，从军用充电器到家用加热炉，以及钢厂钢坯废热发电等。图 11.4 显示了 GaSb 红外能电池的诸多潜在用途，这些应用都依赖于低成本的 GaSb 电池电路（图 11.4 第 1

项)。本文第十章已介绍了管式照明设备的应用信息(图 11.4 第 4 项)。其他热光伏应用将在下文详细阐述。

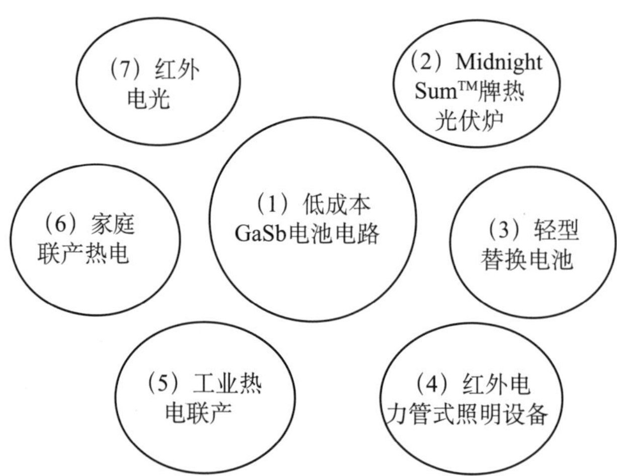

图 11.4　GaSb 电池电路技术使大量应用成为可能

11.5　Midnight Sun™牌热光伏炉

在家里使用改进的加热炉(图 11.4 第 6 项)实现热电联产是热光伏的一个梦想。作为实现这一梦想的第一步,JX 晶体公司在 1998 至 2000 年间使用内部科研基金开发出 Midnight Sun™牌热光伏炉,见图 11.5(图 11.4 第 2 项)。

这款炉子是为美国东部地区不在电网覆盖范围内的地区研发的,可以在冰雪天断电的时候、寒冬腊月以及夜晚放在壁炉内取暖和用电。家庭主炉因断电停机时,人们可以在起居室使用该设备给冰箱、电视或电脑供电。

图 11.5 是该炉型的照片和工作原理流程图纸[10]。该炉燃烧丙烷,产热量为 25000 ~ 30000 BTU/h,发电量为 100 ~ 125 W 直流电并可轻松转换为交流电。图 11.6 是该炉使用的 GaSb 贴片电路和配高/低过滤器的电路[11]。过滤器将 1.8 至 4 微米波长的无用波反射回去。可以看出,其中一个电路配备了电流电压检测器。图 11.5 中的炉子使用了蜂房式可流通硅黑体发射器,发射器与 GaSb 贴片电路之间有玻璃窗。

表 11.2 第一列总结了图 11.5 所示炉子的性能。虽然 22% 的频谱效率与表 11.1 中黑体发射器相近,但是 1.4% 的发电效率却比频谱效率和电池效率要低。

要理清这一点,我们就需要考虑燃料能量向红外辐射的转化效率。丙烷绝热火焰温度为 2270 K,发射器温度为 1523 K 时,捕获的辐射能比率为 33% [(2270 -

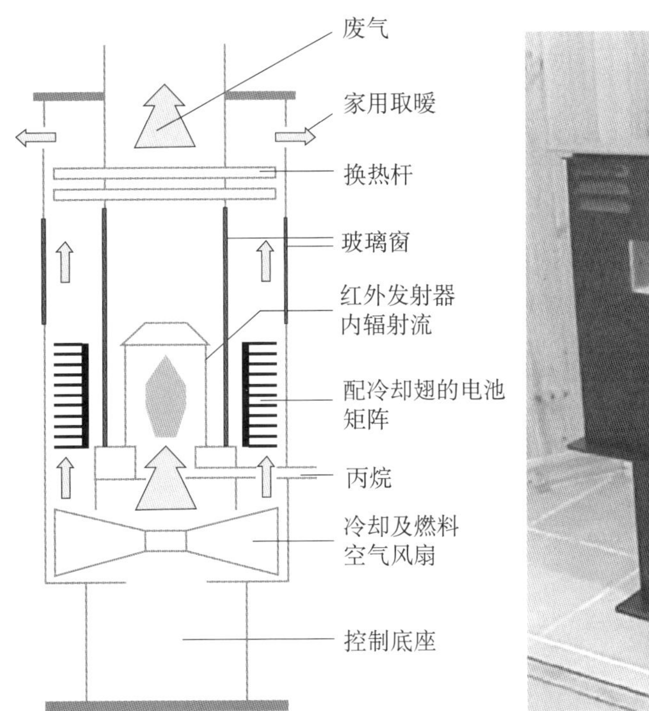

图 11.5 联产 25000 BTU/h 热量和 100 W 电能的 Midnight Sun™牌热光伏炉[10]

1523）/2270 = 33%]。因此，剩余 67% 的化学能可以用来取暖。但是，表 11.1 中，6.2% 的三分之一等于 2.1%，这个值仍然高于表 11.2 第一行 1.4% 的测得值。热光伏电路和红外发射器之间的视界因子解释了这一差异。在小型热光伏系统中，大量辐射热从周边散失。

根据表 11.2，未来我们可能对其进行优化。表 11.2 如实描绘了 Midnight Sun™牌家用电热联产（CHP）炉的改进路线（图 11.4 第 6 项）。第一，如图 11.7 所示，可以使用能匹配热光伏电池相应带的红外辐射能频谱的氧化镍/氧化镁发射器（图 11.3）替换 BB 红外发射器。见表 11.1 中的案例Ⅲ。但是，我们仍需要考虑燃料能与辐射能的转换和视界因子两个问题。从表 11.2 可知，大型热光伏系统中的视界因子较好。

在图 11.7 中，我们可以发现红外发射器的栅栏边布置有自上至下缠绕镍洛合金线的陶瓷杆。这一设计确保温度梯度和不间断的快速热循环。发射器也可灵活性地设计为平面式或筒式。这一栅栏设计理念也可应用于下文详述的筒式热光伏电池替换系统。提高燃料能与辐射能的转换效率可进一步提高其效率。

(a)

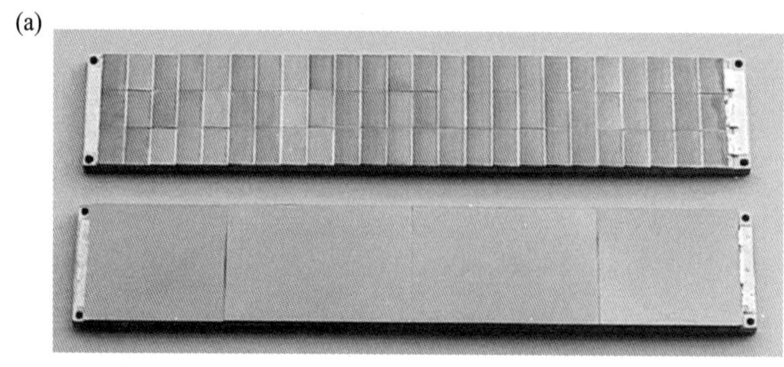

(b)

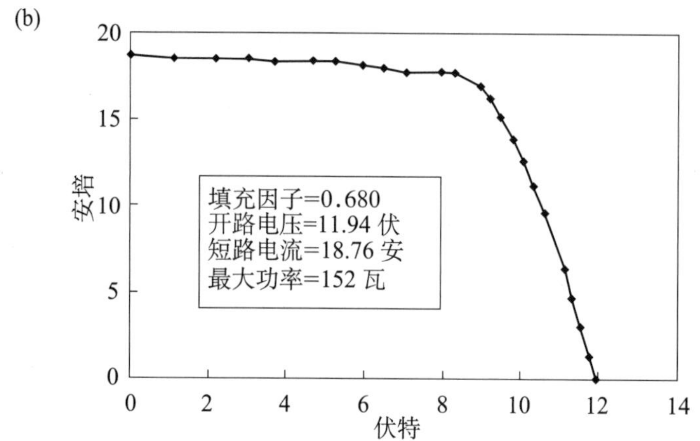

图 11.6　a. 安装有 72 片 GaSb 电池的 5 cm×26 cm 电池板。上部电池板可以看出有分段和缝隙的贴片；下部电池板覆有平面过滤板。b. 72-电池电路的电流、电压测试显示单块电池的性能超过 2 W 和 1 W/cm²

表 11.2　家用热光伏复合热电炉性能预测

热光伏系统	可选项	频谱效率（%）（C）	热光伏电路面积（cm²）	视界因子	电力系统[a]效率（见备注）（%）	燃料热损率（kW）	热光伏功率
热光伏炉	硅发射器	22 1250	250	0.6	1.4[b]	8.8	122 W
热光伏炉	配套发射器	62 1250	250	0.6	2.8	4.4	122 W
热光伏锅炉	配套发射器	62 1250	500	0.7	3.9	8.8	342 W
热光伏热电联供	配套发射器	62 1250	1000	0.8	4.5	15.4	695 W
热光伏热电联供	配套发射器	68 1400		0.8	5.4	26	1.3 kW

[a] 在所有情况下，电池效率值采用 30%，燃料化学能转化为辐射能效率值采用 33%

[b] 例如 0.22×0.6×0.3×0.33=1.4%

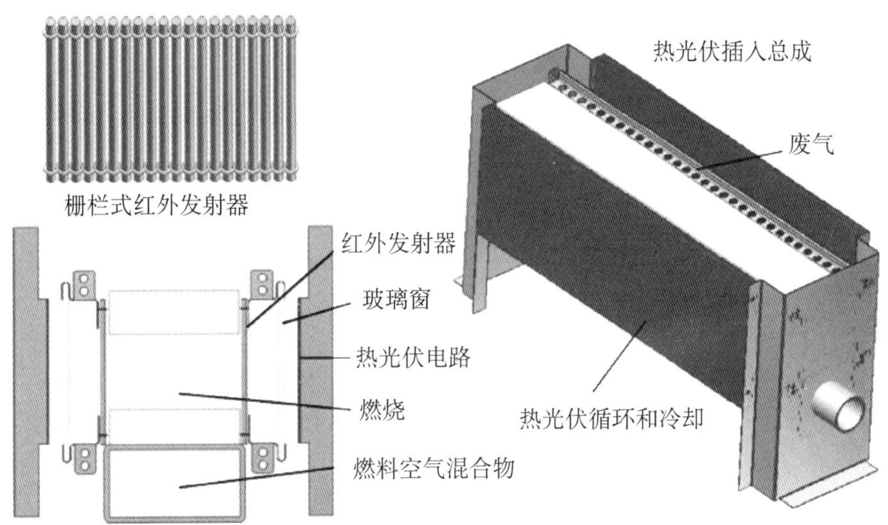

图 11.7　a. 配有频谱可控的氧化镍/氧化镁栅栏红外发射器的 Midnight Sun™ 牌热光伏炉插入总成；b. JXC 晶体公司用于 Midnight Sun™ 牌热光伏炉的热光伏电路

可以利用通过换热器的废气流热量对助燃空气预热。燃料能和辐射能的转换效率可以从 33% 提高到 70%，具体见下文。

11.6　轻型热光伏电池替换

燃料热光伏发电器有四个非常有趣的特点（图 11.4 第 3 项）。第一，功率密度大，降低了光伏电池的成本。例如，发射器温度达到 1200 ℃时，电池功率密度可超过 1 W/cm^2，这比在阳光下运行的传统太阳能电池高 100 倍。第二，重量轻。例如，较之锂离子电池，热光伏电力系统更轻便、比能更高、运行时间更长，且燃料灌装便捷。第三，运行安静，因为燃烧是一个持续性过程。第四，可使用多种碳氢燃料。轻便和安静的特点引起了军方对单兵轻型电池和无人飞行器动力的兴趣。但是，这些用途无法利用废热，因此发电效率显得十分重要。

11.7　便携式热光伏系统电池概念

一块 1.1 千克的锂离子可充电电池可具备 145 瓦的功率，而一块丙烷或丁烷的碳氢燃料电池可具备 12900 瓦的功率。因此，研制一种体积小、效率高、重量轻、功率可达 1000 瓦的将化学能转化为电能的转换器是可行的。总体看来，许多潜在应用领域都需要轻便、简洁、可取代化学电池的发电装置。比如说，燃料灌装就比电池充电快得多。

图 11. 8 是筒式便携热光伏系统电池充电器的透视图。筒体直径 8 cm、长 15 cm。该充电器一端为冷却空气风扇，另一端为燃烧空气风扇，总长度为 18 cm（包含两个风扇）。在热光伏系统筒中加注燃料后即可产生直流电。

图 11. 8　配燃料筒的小型便携式热光伏系统发电装置[12]

从图 11. 8 中可以看出，燃料筒紧邻热光伏系统筒式电池布置。热光伏系统发电装置本身重量很轻。在热光伏系统发电装置中加注丙烷或丁烷等燃料，用以加热小型固体模块直至其发出红外射线，红外发射器周围的光伏元件即可将红外辐射转换为直流电。

图 11. 9 为图 11. 8 所示热光伏系统筒的纵截面图纸，其中主要部件和组件都已标识。从图 11. 9 中，我们可以看出红外发射器组件布置在右手边中间位置，周围布置配有散热翅片的筒式热光伏系统电路元件。电源转换器组件通过筒体右端的冷却风扇吹出的气流环绕冷却。红外发射器由内置的燃烧气体加热，燃料和燃烧气体通过左手边的换热器加注。

基本工作原理：通过孔板流量阀向类似于同轴管的煤气灯加注燃料，通过翅片换热器向燃料管周围的同轴空间喂入助燃空气，并进一步进入燃料与助燃空气的混合腔，混合后的燃料和空气涡流进入燃烧腔并点燃。红外发射器布置在燃烧腔周围，燃烧火焰将红外发射器加热至 1200 摄氏度（1473 K）的目标温度。燃烧尾气向一个方向排出，经变向后回流。高温尾气通过外窗管反向进入换热器，用于加热助燃气体。换热冷却后的尾气在换热器左端排出并与冷却气混合。热光伏系统电路元件环

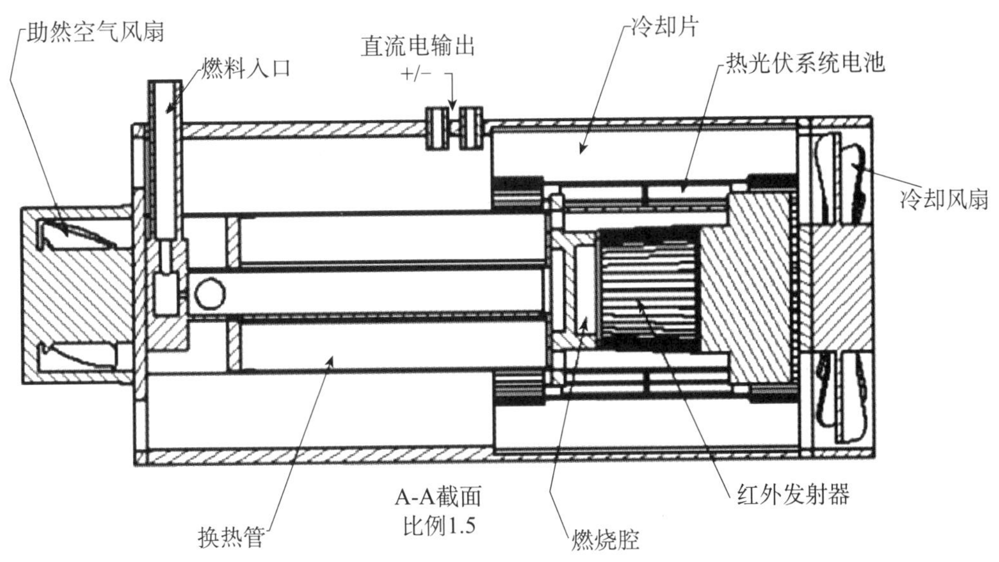

图 11.9　便携式热光伏系统发电器横截面

绕该燃烧/辐射腔布置构成了便携直流发电机的转换装置。

虽然转换效率是困扰热光伏系统的难题，但是热光伏系统转换元件在过去几年中有了重要进步。首先，热光伏系统转换效率受四个方面影响：化学能转换为辐射能的效率（η_{CR}），电池转换带上的辐射百分比即频谱效率（η_{SP}），电池转换效率（η_{PV}），电池与发射器间的视界因子效率（VF）。JX 晶体公司近年在以上四个子系统效率方面取得了显著进步。

化学能转换为辐射能的效率基于约 2000℃（2273 K）的绝热火焰温度和约 1200℃（1473 K）的目标红外发射器温度两方面考虑。如果没有废热控制设施，废热温度将达 1200 ℃且该转换效率仅为（2273 − 1473）/2273 或 35%。通过提取废气中的热量并使其回流至助燃空气中，即可解决该问题。这一在便携筒式热光伏系统发电器加装换热管的全新设计目标是将 70% 的燃料化学能转化为辐射能。

我们的目标是达到 10% 的总光电转换效率。目前，热光伏系统电池已相当发达，电池可转换带内辐射的转换效率约为 30%。本章对发射器和频谱效率部分按照 60% 的频谱效率目标进行探讨，将视界因子效率设定为 80% 的目标值，即可实现 10% 的总光电转换效率 η_{TPV} 目标。

$$\eta_{TPV} = \eta_{CR}\eta_{SR}\eta_{PV}VF = 0.7 \times 0.6 \times 0.3 \times 0.8 = 10\% \tag{11.1}$$

热光伏系统的两个主要子部分是热光伏系统电源转换器和燃烧器/发射器/换热管。

热光伏系统电源转换器部分包括热光伏系统电路板、冷却片和冷却风扇。热光伏系统 GaSb 电池和电路板由 JX 晶体公司制造，GaSb 电池对 1.8 微米以上的红外射线响应。GaSb 电池安装在一个电路板上，见图 11.10。

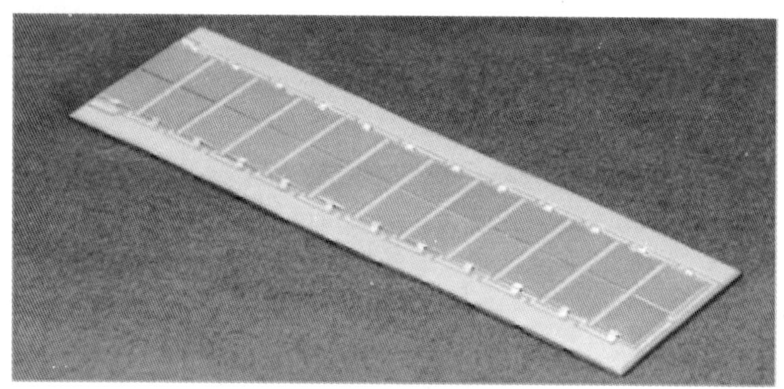

图 11.10　平板式热光伏系统电路

电路基板可为铜质或铝质，金属电路基板正面为镀金反射面绝缘层，顶层金属层蚀刻可作为该图所示的电池垫、电路图或反射区。电路板组装后要进行瞬间高压测试，验证其电源转换性能。测试后，再在热光伏系统电路板后面安装螺旋翅片。电路板后面有机械加工槽，可将电路板折叠为多边筒式（见图 11.11）。图 11.12 为电路板性能测试。

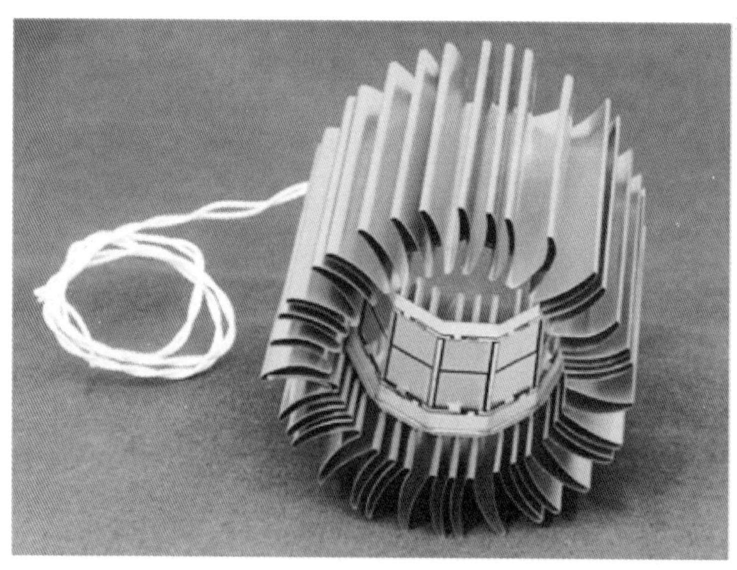

图 11.11　筒式热光伏系统电源转换器

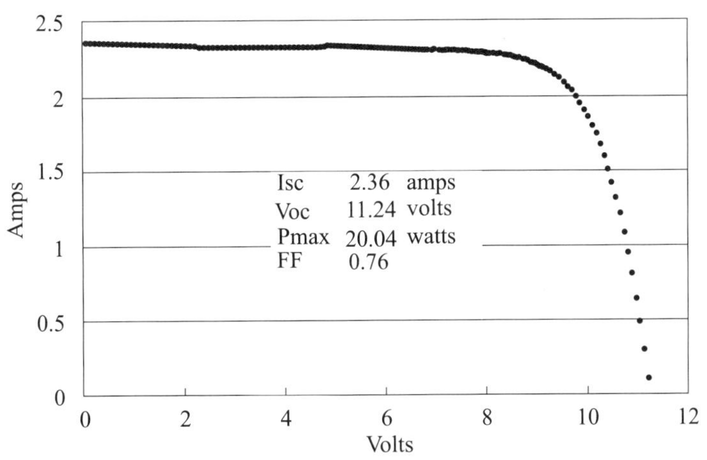

图 11.12　GaSb 热光伏系统电路板 JV 曲线示例

图 11.13 为燃烧器/发射器/换热管总成的透视图。如图所示，红外发射器布置在顶部，换热管布置在底部。该总成可分为燃烧器/发射器总成和换热管总成。下文将对这两部分进行详细阐述。换热管设计和红外发射器设计是最新式的，对该热光伏系统发电器操作十分关键。

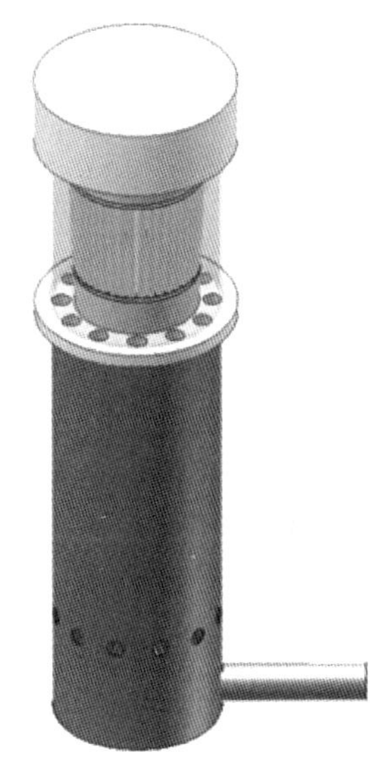

图 11.13　燃烧器/发射器/换热管子总成透视图

换热管的作用是从废气中提取能量并将其传递到助燃空气流中。其目的是将废热温度自 800 ℃降至 300 ℃，与此同时，将助燃空气流温度自 20 ℃提高到 600 ℃。废热换热管的（设计）目标是将化学能转换为辐射能的效率提高到 70%。

图 11.14 为最新式欧米茄换热管正视图、俯视图和横截面图纸。图 11.15 为部分换热管的透视图，从图中可见，新式换热管使用欧米茄（Ω）状金属板导热膜。图 11.14 中 A-A 段所示为该换热管水平横截面，其中 12 个欧米茄状金属板导热原件构成了助燃空气和废气供应的交替流体腔。助燃空气流向一个方向流动，废气流则向反方向流动，热量通过欧米茄状原件外壁进行交换。

图 11.15 中右上方有一个花状盘，安装在燃料供给管上方，燃烧器底座安装在燃料供给管的开孔端。

图 11.15 为部分换热管示意图。从该图可以看出，欧米茄状金属片导热膜嵌入

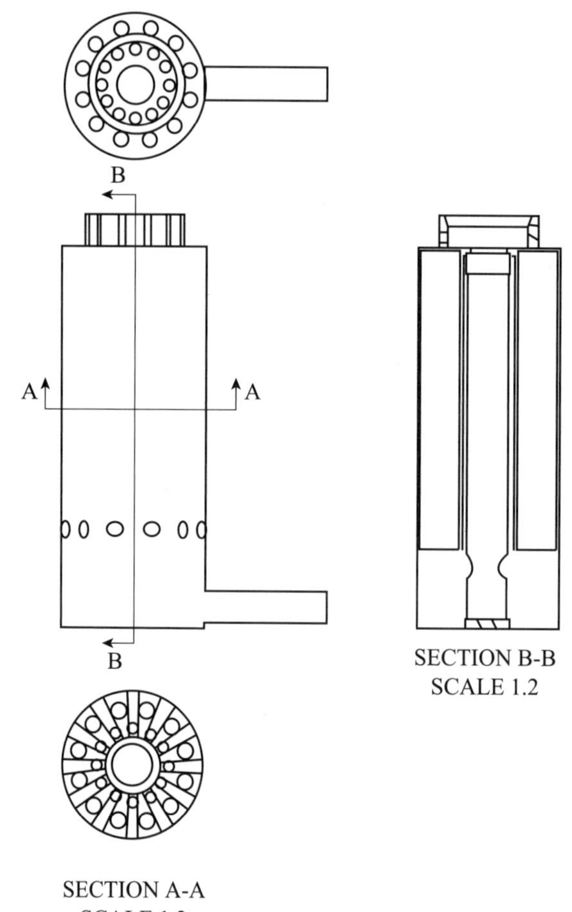

图 11.14　欧米茄换热管水平（A-A）和垂直（B-B）横截面正视图、俯视图和横截面图纸

花盘状花瓣间隙中，我们可以看到助燃空气供应和废气交替的气流通道。从图 11.14 所示的换热管俯视图中，我们可以看到两个套环，内环与空气通道连接使助燃空气由此进入燃烧腔，外环可使废气进入换热器废气通道。在欧米茄元件周围加装柱状筒后即可完善换热管总成，柱状筒向下延伸并与助燃空气风扇连接。按图 11.14 所示，该柱状筒上有一个径向孔，用于排出废气并与冷却气流混合。

在燃料热光伏系统发电器中做到红外发射器的良好设计有以下两点要求：

（1）化学组分恰当，发出的红外射线波长与热光伏系统电池响应带匹配。

（2）几何结构能有效捕获通过换热管总成及其周围的燃烧气体中的能量。

图 11.16 为图 11.18 和图 11.19 所示的筒式热光伏系统发电器红外发射器设计的侧视图。图 11.17 为该燃烧器和红外发射器子总成的水平横截面图。

图 11.15　部分安装的欧米茄换热管总成（左）：花盘图纸（右上）、换热器仰视图（右中）和欧米茄导热膜（右下）

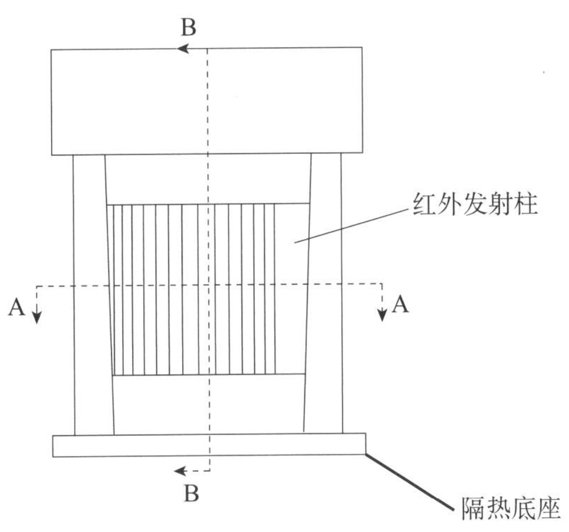

图 11.16　红外发射器子总成侧视图。该图为图 11.17 显示了倾斜式红外发射柱筒状布置及其位置，红外发射杆此处显示为黄色高温

按图 11.17 所示，燃烧器和红外发射器子总成下部是一个配有燃料和空气给料孔和废气排出孔的隔热板。隔热板上部有栅栏式布置的发射柱，栅栏中间是燃烧腔。发射柱呈筒状，直径约为 1 ~2 毫米。高温废气从宽约 0. 1 ~0. 2 毫米的红外发射柱间隙通过。发射柱上方有绝缘盖，周围有石英玻璃观察窗。因为燃料和空气供给孔和废气排出孔都布置在下部绝缘板上，如果没有所示发射柱的倾斜设计，发射器下部温度将会高于上部。这一倾斜设计增加了发射柱上部间隙的宽度，提高了上部导

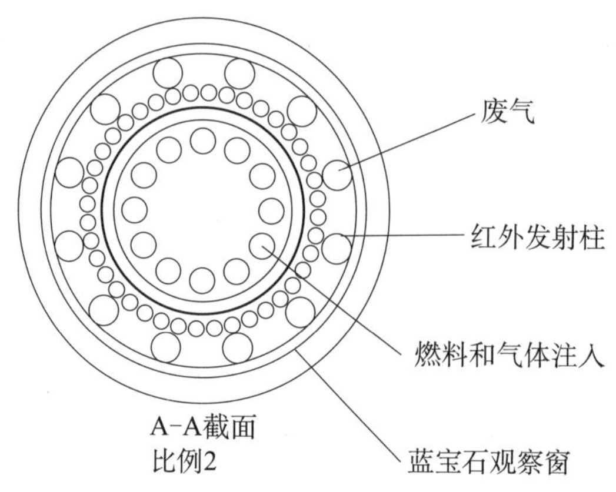

图 11.17 发射器总成 A-A 截面图

图 11.18 发射量为 0.25、波长 1.5 微米的铂金屏发射器早期实验。无换热管温度 T = 1170 ℃，I_{sc} = 1.23 A、V_{oc} = 8.5 V、P_{max} = 7.6 W

热率，促进了发射器上下部温度的一致。

红外发射杆的化学组分对于频谱控制十分重要，它需要具有恰当的化学组分，发出的红外射线波长与热光伏系统电池响应带匹配。符合该要求的电池可以是 GaSb 电池、InGaAs/InP 电池或锗电池等将波长小于 1.8 微米的射线转换成电能的电池。理想的红外发射器仅发出波长小于 1.8 微米的射线，如果发出的红外射线波长大于该长度，辐射能只会在热光伏系统电池中产生不必要的热量。

通过公式（11.1）可以看出，达到 60% 的红外发射器频谱效率目标值即可实现 10% 的总热光伏系统效率。镍离子或碳离子在氧基射线中的波长范围为 1 到 1.8 微

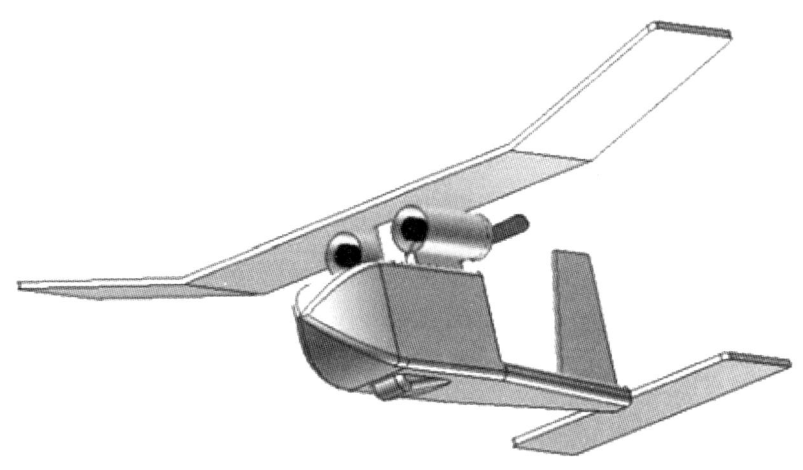

图 11.19　两个 JXC 轻型燃料筒式热光伏发电器

米[8,9]。适用于该发明的红外发射柱在氧化陶瓷中包含有下列离子作为杂质，例如氧化铝（Al_2O_3包括蓝宝石）、氧化镁（MgO）或尖晶石（$MgAl_2O_4$）。Ferguson 和 Dogan[9]制造了用于热光伏系统发电器的掺杂氧化镍的氧化镁带，并测得了图 11.3 所示的光谱发射率。

镍离子的光谱选择性可通过配位场理论、掺杂离子与配位主原子间的相互作用进行阐释[9]。通过图 11.3 所示的发射量数据可以计算出表 11.1 中的频谱效率。该表中的辐射值假定发射器温度为 1500 K，石英玻璃罩周围温度为 1000 K。这与此前发布的筒式热光伏系统发电器计算流体动力学模型计算值相符[8]。频谱效率结果值为 61%，与目标值相符。

我们已经对筒式热光伏系统发电器性能（图 11.9）、欧米茄换热管（图 11.14 和图 11.5）、栅栏发射器几何结构（图 11.16 和图 11.17）进行了流体动力模型计算研究[12]，现对便携筒式热光伏系统发电器计算流体动力学模拟结果进行简单的总结。假定燃料的燃烧效率为 225 W，该模型预测电流输出为 26.6 W，热光伏系统毛效率为 11.8%。扣掉 2 W 用于供应燃烧器和冷却风扇后，热光伏系统净效率为 24.6/225 = 10.9 %。

JX 晶体公司已与美国政府签订协议，按照该设计建造一台筒式热光伏系统发电器原型机。图 11.18 展示了设有燃烧器和 GaSb 电池以及铂金红外发射器屏的测试配置，现已开始加工换热管和配套发射器。图 11.18 测得的 7.6 W 功率有望进一步提高其发射量（例如：7.6 × 0.9/0.25 = 27.4 W）。

未来，我们可以按照热光伏系统筒式设计比例将其功率提高至 50 W，在无人机双翼上各配置一台 50 W 发电器（图 11.19）。

11.8 热光伏的工业用途

扩散结型锑化镓（GaSb）红外（IR）电池是在工业化热电联产（CHP）（图 11.4，第 5 项）中热光伏（TPV）（发电）的理想选择，但是具有经济吸引力的应用，要求从大规模化生产方面来降低成本。钢铁工业就是对热光伏（应用）有潜在吸引力的、大容量市场的代表之一。一个常规钢厂年产 1000 万公吨（MT）钢铁，而一个常规钢坯横截面为 16 × 16 cm 见方，长 5.6 m，重 1 MT，这就相当于（钢厂）每小时可生产 1250 个钢坯。如果将热光伏转换电路板靠近钢坯安装到两个 16 cm × 5.6 m 的侧面，那么热光伏电路板的总面积就是 1250 × 0.16 × 2 × 5.6 = 2240 m^2。靠近温度为 1500 K（1227 ℃）的热钢坯的 GaSb 电池可以将 30% 的红外辐射能量以 1.8 W/cm^2或 18 kW/m^2的功率密度转换为电能。在该密度下，一个常规钢厂可以通过废热产生 18 × 2240 kW = 40 MW 的电能。本文将对钢厂内通过热光伏废热发电的电路板设计进行描述。该设计中通过红外频谱控制来实现热负荷控制尤为重要。

在最近对中国宣工钢铁厂的访问过程中，我们发现该厂每周 7 天、全天 24 小时都在生产温度超过 1127 ℃的 2000 平方米钢铁，见图 11.20。温度为 1400 K（1127 ℃）的黑体能以 3.4 W/cm^2的功率密度发出波长小于等于 1.8 微米的红外（IR）辐射能量，JX Crystals Inc 的 GaSb 红外敏感热光伏电池[1,2]可将这些辐射能量的 30% 转换为电能。这就意味着我们能将钢厂里的废辐射能量以最低为 1 W/cm^2的功率密度转换为电能。在 1 W/cm^2的密度条件下，我们就有可能利用热光伏从该厂发出超过 20 MW 的电能。

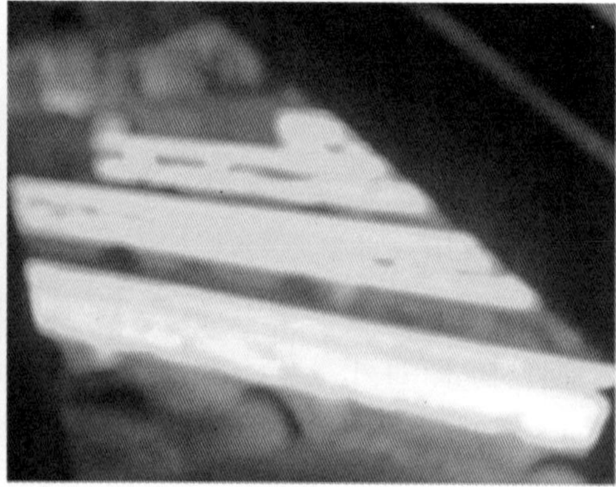

图 11.20　a 和 b 为全连铸（成型）的钢坯照片

现在，我们可由钢铁工业推断出世界范围内热光伏发电的巨大潜能。在 2012 年，世界钢铁产量是 15.53 亿公吨[13]，由此推算，世界范围内潜在发电量可达 6 GW。理论上，我们可以考虑钢坯的四个面而将数值加倍，而且，如果我们注意到钢坯生产过程中有两次热熔情况（一次是铸钢，一次是塑形），我们会发现热光伏潜在发电量接近 10 GW。

可能有人会问：我们可接受的热光伏成本是多少？事实上，这个热光伏发电设备可以每天 24 小时运行，这比起每天仅能平均接受 8 小时太阳辐射的太阳能光伏发电设备是一个显著的优势。我们可以通过潜在年收益估算出一个热光伏电站的潜在价值。假定电费是每千瓦时（kWh）8 美分，一年 365 × 24 = 8760 小时，一台 1 kW 的热光伏发电装置将产生 8765 × 0.08 = 700 美元的年收益。如果我们要求 3 年的投资回收期，那么热光伏电站的价格可达 2100 美元/kW 或 2.1 美元/W。图 11.21 是 GaSb 热光伏电路板的成本估算[14]。从图中可以看出，成本是一个随发电量变化的函数，并在电量达到 1 MW 以上后达到经济效益。

接下来的问题是如何设计一个可与钢铁加工过程匹配，并在超过 1000 ℃ 的钢铁温度下运行的热光伏转换器。其中，除了冷却热光伏电池的温度管理和达到对应转换效率的频谱管理，转换器的耐用寿命也十分重要，而且需要避免热光伏电池和光学元件受到氧化铁垢和其他挥发物质的污染。

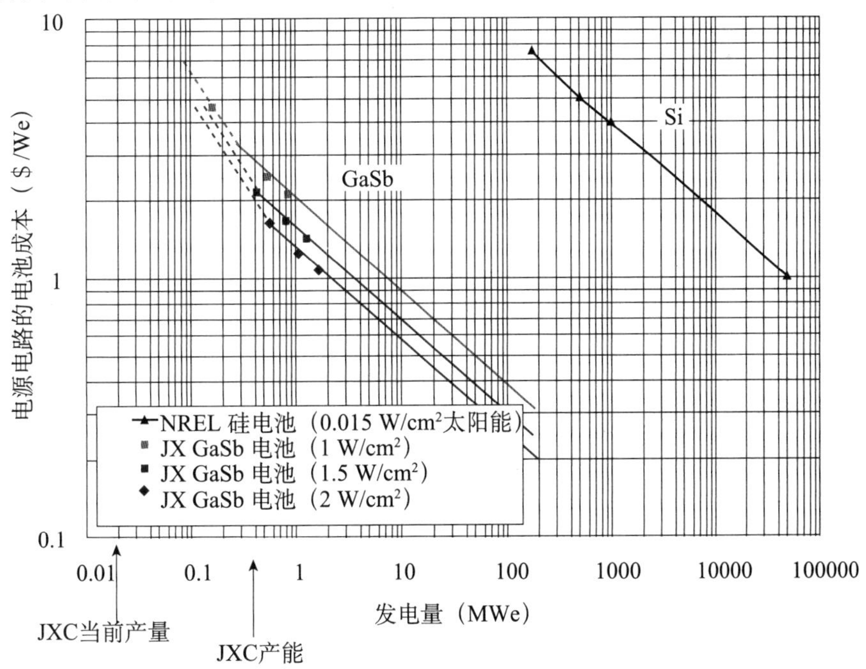

图 11.21　通过与太阳能硅电池的类推的 GaSb 电池可实现成本与累计发电量之间的对应关系

图 11. 22 和 11. 23 所示的平板式热光伏模块满足了这些设计要求[15]。在图 11. 23 中，热光伏模块接近热钢板或钢坯的表面。

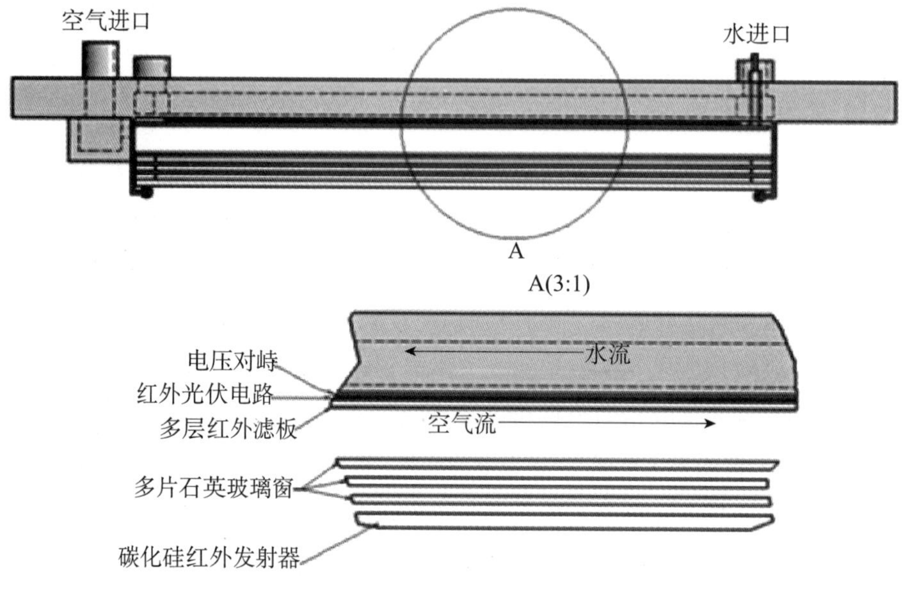

图 11. 22　平板式热光伏模块横截面图

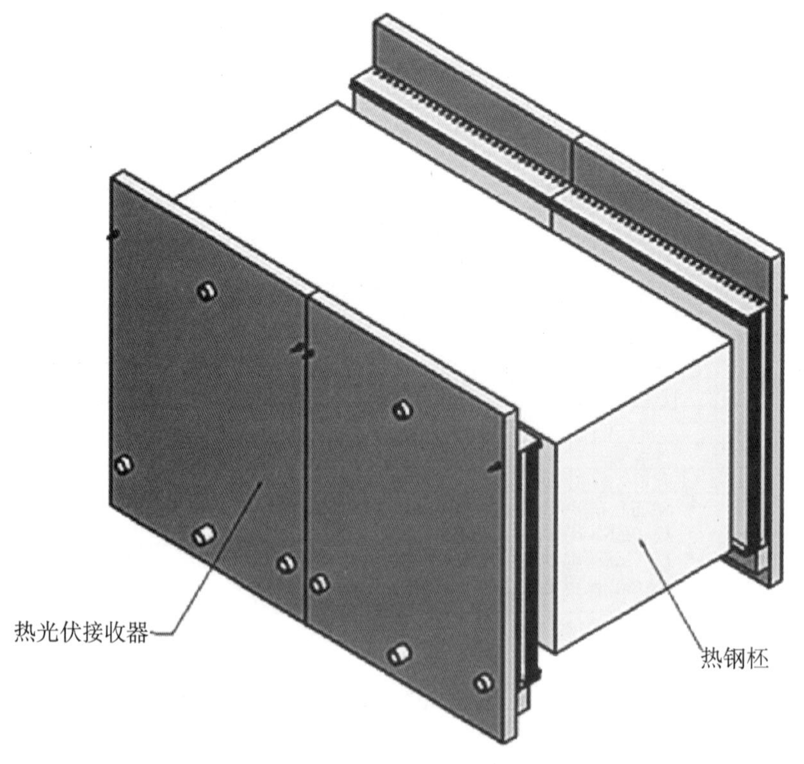

图 11. 23　安装在热钢坯两侧的四块平板式热光伏模块

如图 11.22 所示，每个热光伏模块都有一个由 1100 ℃或以上温度的热钢体辐射加热的碳化硅陶瓷板。这个碳化硅陶瓷板作为黑体红外发射器，也用来保护热光伏转换器不受氧化铁垢污染。在热钢体的另一侧、与该碳化硅板平行布置的是一个作为对流和辐射防护罩的多层石英玻璃窗。还是在热钢体的另一侧、与该玻璃窗平行毗邻并与碳化硅红外发射器相对的是一个热光伏电池和电路总成，用于接收碳化硅发射器发出的红外辐射并将其中部分转化为电能。电路板总成中的热光伏电池与电线串联并安装在一个电绝缘的电压对峙板上。该电路板是贴片式的，如图 11.24 所示。前面章节中对类似大小的热光伏贴片电路板有过描述。该电路板总成周边的电池较中间部分的电池大，这是用于平衡电路板周边辐射密度的降低。电池总成的辐射侧嵌有玻璃板，玻璃板上表面装有多层高低交替折射滤板[11]。气流通过滤板冷却滤光片，电池总成安装在用于冷却电路的水冷板上。

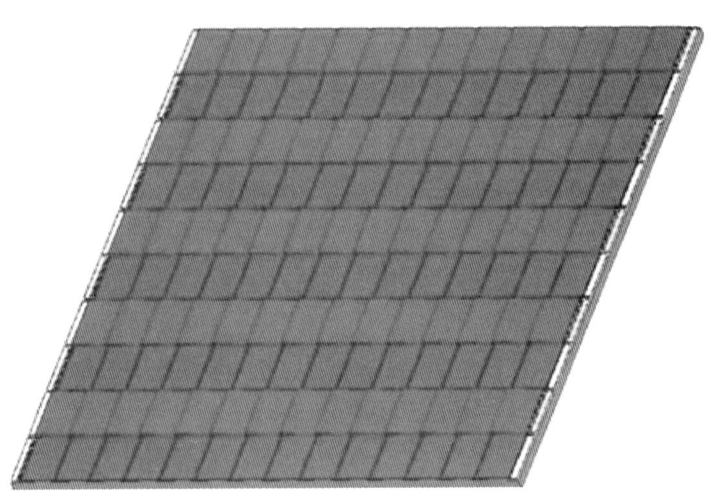

图 11.24　长宽高为 16cm×16cm 的热光伏贴片式电路板可产生约 350W 的电能（取决于红外发射器温度）

结合对宣工钢铁厂的考察情况，我们已经设计出了适用于图 11.20a、b 所示的 16 cm 见方的钢坯的平板式热光伏模块。目前该设计还只是示例，图 11.22 和图 11.23 中的碳化硅和石英玻璃已经精确到了 18 cm 见方。热光伏电路为 16 cm 见方，其中包含 10×14 = 140 块 GaSb 热光伏电池。每块电池最高发电量约为 0.33 V，由此可以计算出该电路板总发电量最高约为 46 V。每块电池的有效面积约为 1.8 cm^2。该电路产生的电流和功率取决于表 11.3 中所示的碳化硅红外发射器的温度。

表 11.3　平板式热光伏模块性能预测

温度 (℃K)	波长带 (μm)	黑体能量 (W/cm^2)	滤失能量 (W/cm^2)	电池功率 (W/cm^2)
1500	4 ~ 12	6.8	1.7	
	1.8 ~ 4	15.4	1.5	
	0.4 ~ 1.8	5.9		1.8（效率为 20%）
1400	4 ~ 12	5.9	1.5	
	1.8 ~ 4	11.5	1.2	
	0.4 ~ 1.8	3.4		1.1（效率为 18%）

该设计中的频谱控制部分也十分重要，表 11.3 对其进行了总结。其中非常重要的一点是控制波长大于红外光伏电池带隙波长 λg 的无用红外辐射，这对提高转换效率和通过降低电池热负荷来实现的温度管理十分必要。在该示例中，红外光伏电池使用 GaSb 电池，带隙能为 0.72 eV，对应带隙波长 λg 约为 1.8 微米。我们也可使用相关参数在该范围内的替代热光伏电池，类似的电池有 InGaAs/Inp 电池、InGaAsSb 电池或锗电池。一般说来，任何一种带隙在 0.75 ~ 0.55 eV 之间的电池都可在 1.5 ~ 2.5 微米带隙波长范围内应用。表 11.3 显示了 GaSb 电池和温度分别为 1127 ℃（1400 K）和 1227 ℃（1500 K）的红外发射器效率和热负荷计算值。

我们注意到，一个具有 N 片石英玻璃片的玻璃窗通过 E = E（SiC）/（N + 1）方程会对波长超过 4 微米的红外辐射射线进行抑制，当 N = 3 时，碳化硅红外发射器辐射能将会降至原值的四分之一，如图 11.25 所示。举例说明，表 11.3 中发射器温度在 1400 K 时，4 微米以上的辐射能热负荷将从 5.9 W/cm^2 降到 1.5 W/cm^2。高低交替折射滤镜预计也会将 1400 K 温度条件下、1.8 ~ 4 微米之间的辐射能热负荷从 11.5 W/cm^2 降到 1.2 W/cm^2。假定 0.4 ~ 1.8 微米转换带范围内的电池效率为 30%，1400 K 温度下产生的功率即为 1.1 W/cm^2，最坏情况下的热负荷将是 1.5 + 1.2 + 3.4 = 6.1 W/cm^2。那么，1400 K 温度下最坏情况下的热光伏转换效率为 1.1/6.1 = 18%。在 1500 K 的温度下，电荷密度、最坏情况热负荷、转换效率都会分别上升至 1.8、9.1 W/cm^2 和 20%。根据图 11.24 可知，每个电路板的输出功率根据碳化硅发射器温度的不同在 215 至 350 W 范围内变动。该设计即将申请发明专利[15]。

在表 11.3 所示的计算结果中，假定了多层介质滤波器和红外发射器之间的高辐射能视界因子 F_{12}。图 11.26 显示了该视界因子的计算结果是发射器宽度 W 和滤波器 60 与红外发射器间距 H 比值的函数。从图 11.26 中可以看出，如果 W/H 大于 8，视界因子将大于 80%[16]。视界因子（VF）高低影响着频谱效率的高低。在本设

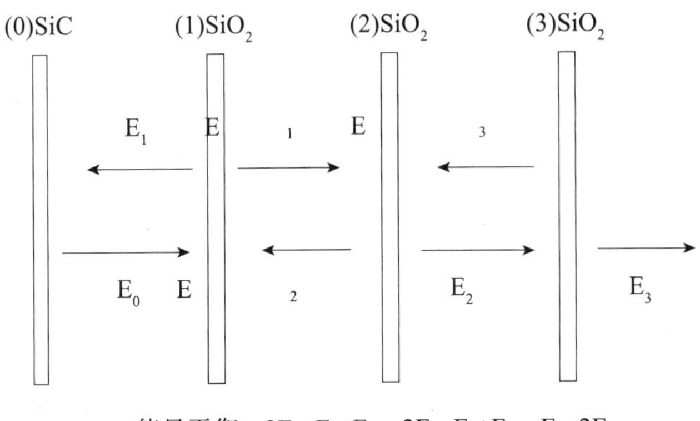

能量平衡：$2E_1=E_0+E_2$；$2E_2=E_1+E_3$：$E_2=2E_3$

所以$E_1=3E_3$&$E_0=4E_3$

所以$E_3=E_0/4$

图 11.25　石英玻璃吸收波长大于 4 微米的红外射线后再向两个方向各发射出一半的辐射量。因此，一个 3 片玻璃窗可以将黑体发出的波长大于 4 微米的红外辐射能（E_0）降至四分之一的水平

在两个完全相同、水平布置、L边、距离为H的方板之间，w=W/H

W
W
H

$$F_{12}=\frac{1}{\pi w^2}\left(\ln\frac{x^4}{1+2w^2}+4wy\right)$$

with $x\equiv\sqrt{1+w^2}$ and

$$y\equiv x\arctan\frac{w}{x}-\arctan w$$

(e.g. for $W=H$, $F_{12}=0.1998$)

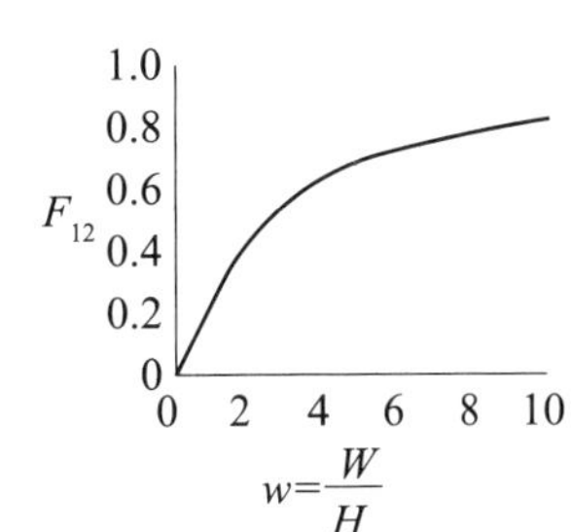

图 11.26　高视界因子也是热光伏在钢铁行业应用的一个显著特点[16]

计中，W = 16，H = 2，其比值对降低周边电能损失十分重要。因此，可以产生高视界因子的大尺寸热光伏电路是在钢铁行业中应用的另一个优势。

把热光伏应用到钢铁行业废热发电中是一个令人兴奋的机会，此外，世界上一半的钢产自使用煤炭作为燃料的中国[13]，热光伏可以在利用废热发电的同时降低燃煤量并控制污染。

11.9　单一电池性能展示

图 11.27 是对靠近温度为 1275 ℃的热辐射管式燃烧器安装的水冷单一 GaSb 电池的测试[3]，结果显示该电池可发出 1.5 W/cm^{2}的电量。

GaSb电池功率	1.5 W/cm^2
发射器温度	1275 ℃
频谱效率	74%
电池效率	29%
热光伏效率	21.5%

图 11.27　单电池测试

11.10　小　结

热光伏的用途多种多样，这些用途可划分为军用、潜在商业用途、工业热电联产等。就军用而言，价格不是主要的考量因素，质量小、能量密度高是热光伏的优势所在。

GaSb 扩散结型电池和栅栏式红外发射器可在室外条件下运行，使得热光伏在商业应用中变得不那么昂贵。

应用热光伏进行热电联产，为散户居民和商业区以超过 90% 的能源转换效率使用天然气提供了一条途径。最近，在美国东海岸由桑迪飓风引起的电力中断使人们更愿意使用天然气热光伏热电联产在室内取暖发电，而不是在室外使用汽油机进行发电。此外，很多东海岸居民发现，额外的取暖功能让他们在桑迪飓风后的暴风雪天气中过的相当惬意。

然而，我们仍然需要对热光伏进行量产以降低其成本。不过，在钢厂使用热光伏降低燃煤量、减少污染、把热光伏投放市场并通过量产降低各部分成本确实是一个令人振奋的机会。

参考文献

[1] L. M. Fraas, GR Girard, JE Avery, BA Arau, V. S. Sundaram, A. G. Thompson, J. M. Gee, J. Appl. Phys. 66. 3866 (1989)

[2] L. M. Fraas et al, *Fundamental Characterization Studies of GaSb Solar Cells*. Proceedings of 22nd IEEE PVSC, pp. 80 – 84 (1991)

[3] L. M Fraas, *TPV History from* 1990 *to Present and Future Trends*, Proceedings of TPV7 AIP, vol 890, pp. 17 –23 (2007)

[4] H. H. Kohm, Quarterly Progress Report, Solid State Research, Group 35, MIT-Lincoln Laboratory, Lexington, MA, May 1, p. 13 (1956)

[5] J. Werth, in *Proceedings of* 3*rd PV Specialist Conference Vol.* Ⅱ. A-6-1 (1963)

[6] G. E. Guazzoni, Appl. Spectrosc. 26. 60 (1972)

[7] D. L. Chubb, *Fundamentals of Thermophotovoltaic Energy Conversion*, *Chapter* 3 (Elsevier, Boston. 2007)

[8] L. Ferguson, L. Fraas, in *Proceedings of* 3*rd TPV Conference*, *AIP* 401, p. 169 (1997)

[9] L. Ferguson, F. Dogan, Mater. Sci. Eng. B83. 35 (2001)

[10] L. M. Fraas, R Ballantyne, S Hui, S. Z Ye et al. , in *Proceedings of* 4*th TPV Conference*, *AIP* 460, p. 480 (1999)

[11] L. M. Fraas et al, Spectral control for thermophotovoltaic generators, US Patent 5403405 (1995)

[12] L. Fraas, J. Avery, H. Huang, L. Minkin, in *Proceedings of* 37*th Photovoltaic Specialists Conference* 2050 (2011)

[13] http://en. wikipedia. org/wiki/List_ of countries_ by_ steel_ production

[14] L. Fraas et al. , in *Proceedings of* 3*rd TPV Conference*, *AIP* 401, pp. 33 –10 (1997)

[15] L. M. Fraas, Thermophotovoltaic Assembly for Electricity Production in Steel Mill (patent pending—2014)

[16] http://webserver. dmt. upm. es/ -isidoro/tc3/Radiation%20View%20factors. pdf

第十二章　地球光伏发电站用空间太阳光反射镜

建造一个能够低成本全天24小时提供太阳能电源的太空发电卫星这一梦想已经有数十年之久。然而，太空发电卫星（SPS）这一概念十分复杂，因为它涉及多项能源转换步骤，包括专门建造的地球微波接收机站。5千米×15千米集成对称集中器太空发电卫星概念即在地球同步轨道（GEO）上设置轻型反射镜。因此，有人提议在更低的太阳同步轨道采用一系列10千米直径的反射镜阵列，在黎明和黄昏时，从1000千米高度将太阳光反射到地球陆地上的太阳能发电场。关键是规模越来越大的陆地太阳能场（光伏或聚光太阳能）已经在世界各地建立起来。反射镜反射太阳光到地球是一个比较简单的概念。现在有可能把正在开发的两种技术融合在一起，即低成本进入太空，继续建设大量的大规模太阳能电场。

本文介绍的观点是在太阳同步晨昏轨道上设置一系列反射镜，未来在世界各地建立多个5-GW级别的太阳能发电站。这种情况下，考虑到从多个太阳能发电站获得的额外收入，预计反射镜组的投资回收期是2年左右。这一概念吸引人的经济性关键就在于多个地球电场随着各自进入白昼或黑夜范围，可以24小时持续运用反射镜组。虽然这一想法很有吸引力，但实施起来却很难。尽管如此，这一想法还是吸引人们开始了对所需反射镜卫星进行初步设计。

本文为大家介绍反射镜卫星设计。其设计要基于太阳能反射镜技术和为国际空间站开发的技术。看来，可以使用该技术开展反射镜卫星的设计，至少要到具体设计和测试阶段。鉴于上述内容，晨昏空间反射镜概念和最初的太空发电卫星概念之间还是存在一些非技术性区别，这一区别是客观存在的。晨昏空间反射镜概念需要一个全球化视野和国际性合作，而太空发电卫星概念则基于传统的国家角度。在这方面，国际空间站着实给未来国际合作带来了希望。

12.1　引　言

太阳能发电卫星（SPS），是指在太空中实现全天24小时太阳能发电，并将电传送回地球，从而利用清洁、零排放能源解决地球上的能源需求问题的一个计划方案，这是自 20 世纪 70 年代以来就有的一个梦想[1]。计划的关键在于将微波传送作为把电能输送到地球的方式。由于衍射极限光束角的基础物理特性，这种传输需要千米规模的孔径和接收器，因此需要在太空中建立特别庞大的系统。例如，美国国家航空航天局（NASA）的一个设计概念，集成对称集中器太阳能发电卫星（ISC SPS）见图 12.1。5×15 千米的规模，需要一个直径范围为 8 千米的地球站[2]。这一轨道系统的大小、规模和功率级使得计划的太阳能发电卫星造价成本特别高。

图 12.1　美国国家航空航天局设计的集成对称集中器太阳能发电卫星在地球同步轨道上采用大规模的但极其复杂、造价昂贵的反射镜阵列[2]

2012 年提出的 MiraSolar 阵列组概念[3,4]避免了这一问题。Ehricke[5]提出，轨道上的反射镜可以用来把太阳光反射到地球上。这一方案通过在地球上设置复杂的发电设施，在太空中只采用轻型反射镜元件，将太空元件的大小和规模减少到最低。这一理念能够通过利用已经建成的地球基础设施提高发电能力。这一概念是在距离 1000 千米的近地轨道（LEO）设置大规模的反射镜阵列，而不是早先概念提出的地球同步轨道，这使得结构规模更小更简单，省去了复杂的能源转换步骤。地球站是已经在建的传统太阳能发电站（PV 或通过 CSP）（参见第七章 SEGS CSP），因此这一概念与地球太阳能技术不是竞争关系，而具有协同性：它与太阳能地球站协同运行，相互并不排斥，能对已经在开发的耗资十多亿美元的地球技术发电设施产生影响。

另外，太阳能发电卫星传统概念需要在太空设置阵列组件，而本文提出的反射镜元件是自展式，可以通过现代的发射器发射。

低成本太阳能发电

这一概念综合了美国国家航空航天局太空和陆地可选择的能源开发技术。如图 12.2 所示，这一概念反映了两个发展变革融合趋势：降低进入太空的成本以及陆地太阳能发电持续显著增长，ISC SPS 概念可以节省 10 倍的成本[3,4]。

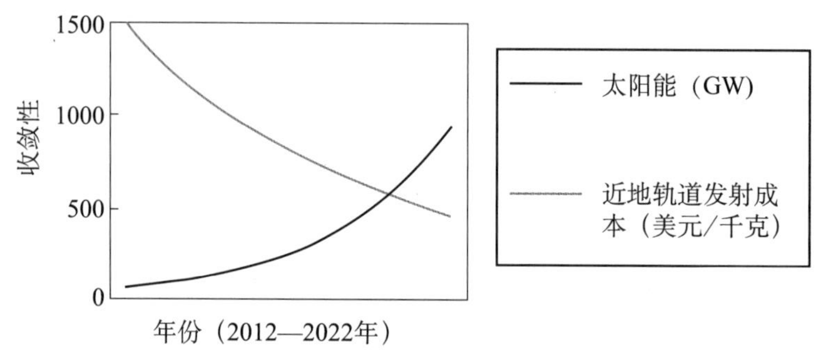

图 12.2　太空和地球成本收敛性

12.2　反射镜阵列卫星组相关概念

反射镜阵列概念是将反射镜放置在“太阳同步”轨道上，在这个轨道上，轨道摄动绕轨道平面旋转每日的漂移量为 360/365 度，因此使轨道保持与太阳方向一致，并且每天在相同的（太阳）时间经过指定地球位置。在 1000 千米高度的轨道上，太阳同步轨道的倾角达到 99.5°（即倾斜于极轨道 9.5°）[6]。所选轨道平面为“晨昏”轨道，几乎与地球的明暗界限一致，因此可以在早晨和晚上分别经过上空一次。

晨昏轨道上设置的反射镜卫星组能够收集太阳能，并将太阳光反射回地球，如图 12.3 和图 12.4 所示。从反射镜卫星上反射回的太阳光直接到达地球上的太阳能发电站。未来 10 年，全球各地将建立多个太阳能发电站。

这一情景在前文中已作描述[3,4]，在晨昏轨道上安装一个包含 18 个反射镜的反射镜阵列卫星组。由于太阳角直径的存在，在地球上反射点的面积范围直径近 10 千米[3]，太阳能发电站的发电量能达到 5.5 GW。我们介绍的这一特别情景假定采用一个由 18 个反射镜组成的反射镜阵列卫星组和 40 个地球太阳能发电站（各自发电 5.5 GW）。根据这些假设，结论认为反射镜质量与美国国家航空航天局带头研究的 L′Garde 太阳能帆（反射镜）有关系，美国国家航空航天局对未来太空能源卫星的发射成本作了假设，太阳能电成本为 10 美分/千瓦时，反射镜卫星组的投资回收期低至 0.7 年，但这么短的投资回收期是取决于实际的发射成本的。

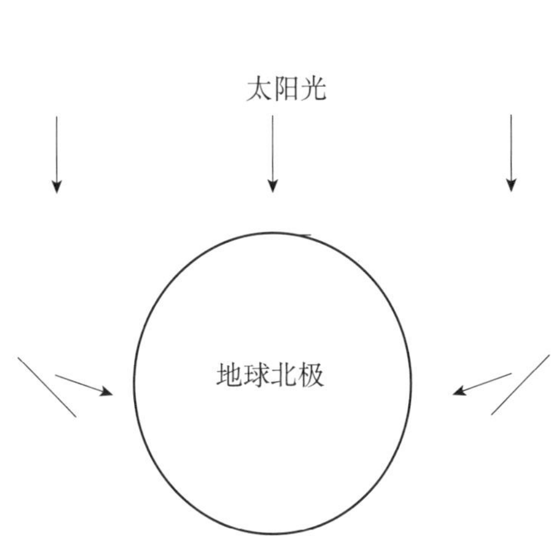

图 12.3　反射镜卫星能把太阳光反射回地球

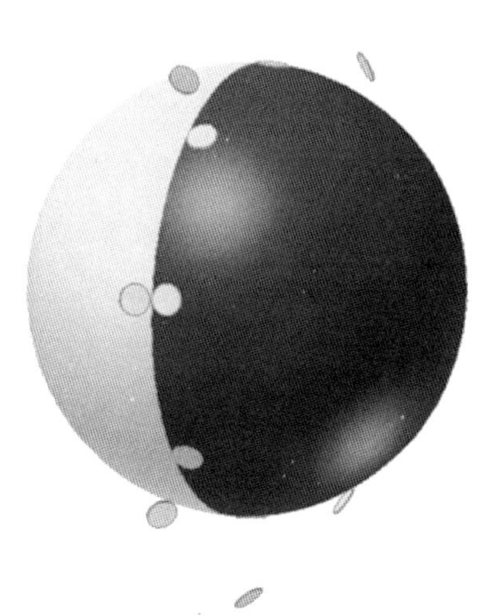

图 12.4　反射镜卫星组将太阳光反射回地球上的太阳能发电站用于夜间发电。这里所说的反射镜卫星规模是非常大的

反射镜系统的高度尚未优化，最可能被采用的情形是 24 小时内反射镜绕轨道圈数为整数，这样轨道的地面轨迹每天可精确重复。每天 14 圈、每天 13 圈和每天 15 圈对应的轨道高度可能分别是 900 千米、1250 千米和 600 千米。取这些值的中间值，以 1000 千米轨道高度为例，作为本文典型计算的取值。

根据 18 个反射镜组成的反射镜阵列卫星组的经济前景，有理由认为纵向排列三组由 18 个反射镜组成的卫星组也会具有同样的经济性，如图 12.5 所示。

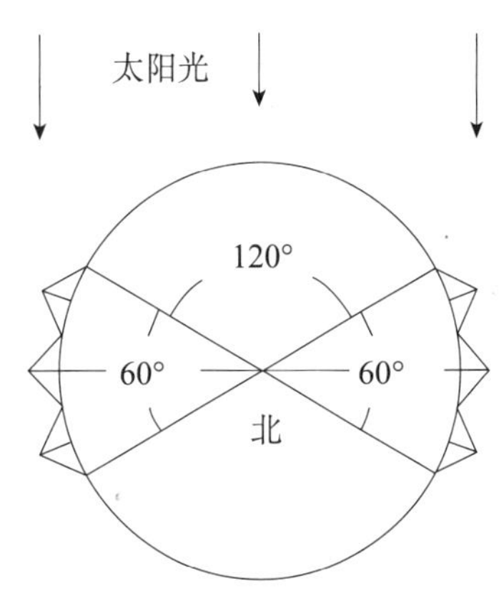

图 12.5　三个轨道平面上的 18 个反射镜组成的反射镜卫星组在经度上的不同倾角范围

三组纵向排列的反射镜卫星组对太阳能发电站能源发电时长的潜在影响参见图 12.6。如图所示，在优选的位置，反射镜卫星能在早晨和夜间分别增加 3 个小时的发电时间，将太阳能发电时长从 8 小时延长至 14 小时，将生产率从 33% 提高到 58% 。

此处所讲的发电组合远远优于连续全天 24 小时发电的基线 SPS 设计。Landis 指出[7]，晨昏发电可满足陆地太阳能发电高峰期的需求，但是不能在夜间电量需求极少的非高峰期（电

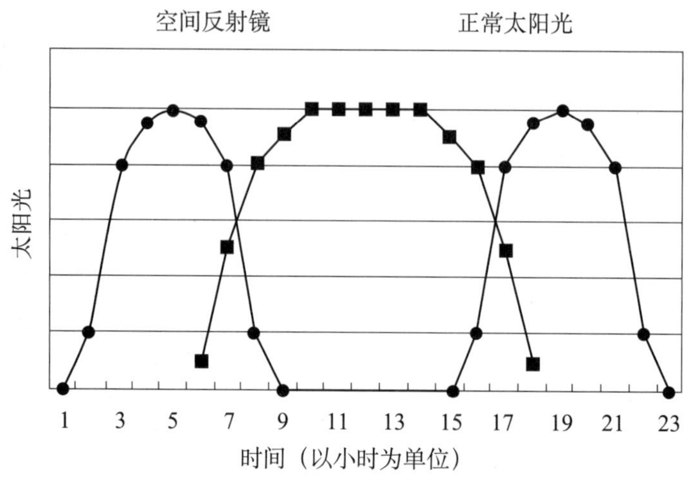

图 12.6　反射镜卫星组能将太阳能发电的时长
从 8 小时延长到 14 小时，早晨和夜间分别增加 3 小时

价低）时发电。

这一概念中的每个反射镜阵列卫星的规模大小[3,4]不太确定。即使假设理想的平面度，为了提高太阳强度，每个 18（或 54）卫星组中每个卫星的反射镜反射面积必须与 10 千米直径的地球太阳能发电站的面积相等。但是，需要注意的是虽然反射镜面积与 ISC 对近地轨道的发电卫星设计的反射镜大小差不多，即 5 千米 ×15 千米[2]，但是 ISC 地球站只能生产 1.5 GW 电，达不到 5 GW。

图 12.5 所示为反射镜阵列的大小。相比较地球的大小，这些反射镜阵列卫星的大小还不及大头针。另外，图 12.7 所示为反射镜阵列卫星的面积与 5 GW 产能的福岛核电站的污染区面积的比较结果。

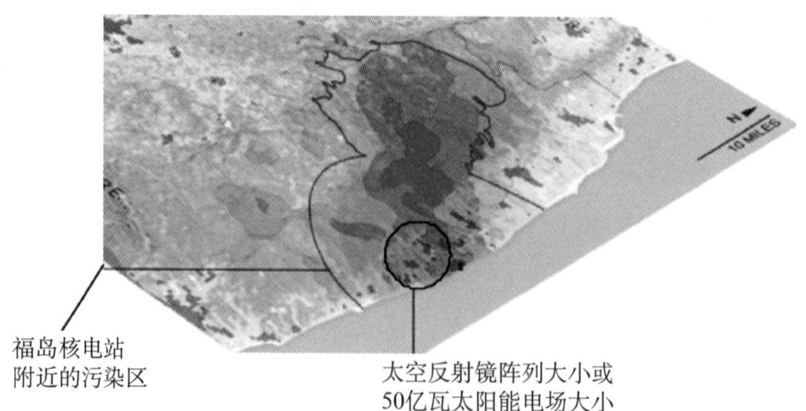

图 12.7　太空反射镜大小与福岛核电站污染区对比

最后，图 12.8 所示仍为太空反射镜概念中的太阳光。需要注意的是太阳光仅仅被反射到用于太阳能发电的太阳能电场。

图 12.8　太阳能发电场可能在白天和夜间均能发电

12.3　世界各处的地面太阳能发电站

空间太阳能发电这一概念的经济性所需具备的第二个关键要素是要在世界各地建立大量的太阳能发电站。这一想法未来 10 年可以实现吗？图 12.9 所示为 2003 年到 2012 年太阳能光伏发电的累计增长情况，以及对 2017 年的未来增长预测[8]。2012 年，全球总太阳能光伏发电装机容量达到 102 GW。假设每年增长率为 30%，根据图 12.9 的预测，人们可以预测到 2017 年合理的产能将达到 $102 \times (1.3)^5 = 378$ GW，到 2022 年将达到 $102 \times (1.3)^{10} = 1400$ GW。MiraSolar 阵列组的经济性论点[3,4]假设实现总装机容量 220 GW 需要 40 个 5.5 GW 产能的地面太阳能站。220 GW 发电量与预计的 1400 GW 发电量相比还太低。图 12.10 所示为这 40 个地面发电站在地球上的假设分布情况。按照美国国家航空航天局对集成对称集中器太阳能发电卫星（ISC SPS）相同的发射成本假设，即 400 美元/千克，预计反射镜组的投资

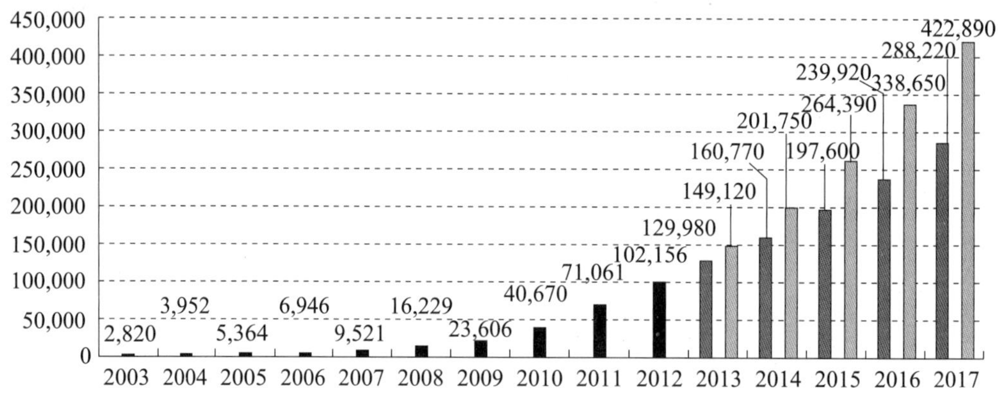

图 12.9　欧洲光伏产业协会：2013—2017 年光伏发电全球市场展望。累计光伏发电装机容量以兆瓦为单位[8]

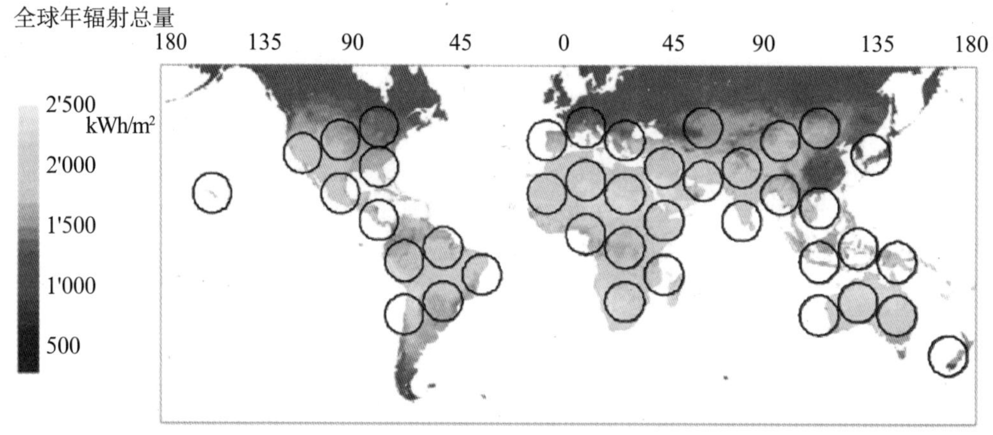

图 12.10　到 2022 年 5.5 GW 太阳能发电场全球假设分布图

回收期为 0.7 年。

虽然预测未来的情况存在诸多不确定性，但这一概念仍令人兴奋。例如，若假设 40 个 5.5 GW 地面发电站，发射成本是 1100 美元/千克的话，则投资回收期就会变成 2 年。同样，若假设发射成本为 400 美元/千克和 40 个 2 GW 地面发电站的话，则投资回收期仍然会是 2 年。

12.4　会影响全球变暖吗?

太空反射镜把太阳光反射到地球上，会带来全球变暖的问题吗? 答案是否定的，从通常全球变暖的角度看是不会产生这一问题的。需要搞清楚的是当我们在讨论全球变暖问题时，我们担心的是二氧化碳水平增加和对地球的降温速度的持久性影响。地球温度是通过太阳的能量输入和地球红外线辐射回太空的降温能力之间的平衡来决定的。大气中二氧化碳量的增加产生温室效应，这就减少了地球降温向太空辐射红外辐射能量的量。表 12. 1 汇总了其他能源生产与二氧化碳温室效应对全球变暖的影响。

表 12. 1　燃烧烃燃料导致永久性气温上升

多生产 220GW 新电能	变量 T 新能源（℃）	变量 T 关闭无能源	一氧化碳变量 T（第一个 20 年）
核能（24 小时/天）	0. 002	0	0
太空反射镜（6 小时/天）	0. 0018	0	0
天然气（24 小时/天）	0. 0015	0	升高 0. 0032 ℃（永久性[a]）
煤（24 小时/天）	0. 002	0	升高 0. 0057 ℃（永久性[a]）

[a]这些数字再过 20 年会翻倍。

图中圆圈表示的是反射镜阵列卫星进入到指定太阳能电场范围内。这一概念吸引人的经济性关键就在于多个地面电场随着各自进入白昼或黑夜范围，而反射镜组可以 24 小时持续利用。

若人们通过利用太阳能或核电厂利用核辐射发电，都会产生额外能量，增加每天太阳光的能量输入，造成地球温度非常轻微的升高。按照目前情况看，通过太空反射镜反射阳光多生产 220 GW 电相当于 40 个核电厂的发电量，地球温度会上升 0. 0018 度，也不会对全球变暖有任何影响。但是，若人们改变阳光反射到地球的方向，选择不生产 220 GW 电，则地球温度上升为 0。同时，若未来 20 年人们选择用燃烧天然气来生产相同数量的电，据计算地球温度会升高 0. 0032 ℃，若燃烧煤，温度会升高 0. 0057 ℃，甚至会高出 3. 2 倍。区别在于燃烧烃燃料造成的温度升高是永久性的，随时间不断积累。最后，值得注意的是多生产 220 GW 电产生的一切影响都非常微小。然而，如今现实情况是人们消耗的电能远超 220 GW，所以燃烧化石燃料的影响会更大，不燃烧化石燃料的益处也会更大（见表 12. 1 和附件）。

12. 5　反射镜卫星设计

在实际系统中，反射镜阵列卫星可由大量的小型反射镜卫星组成。我们的论题是若一个反射镜卫星可以设计出来并得到论证，则就可以根据需要复制成卫星组。这些小型的反射镜卫星可能会是什么样子呢？卫星以展开的形式，需要安装在发射器的整流罩上，每个卫星需要设置姿态控制，能在反射镜卫星经过时将反射镜太阳光反射到某个特定的太阳能发电站。图 12.11、图 12.12、图 12.13 和图 12.14 所示为设计概念。

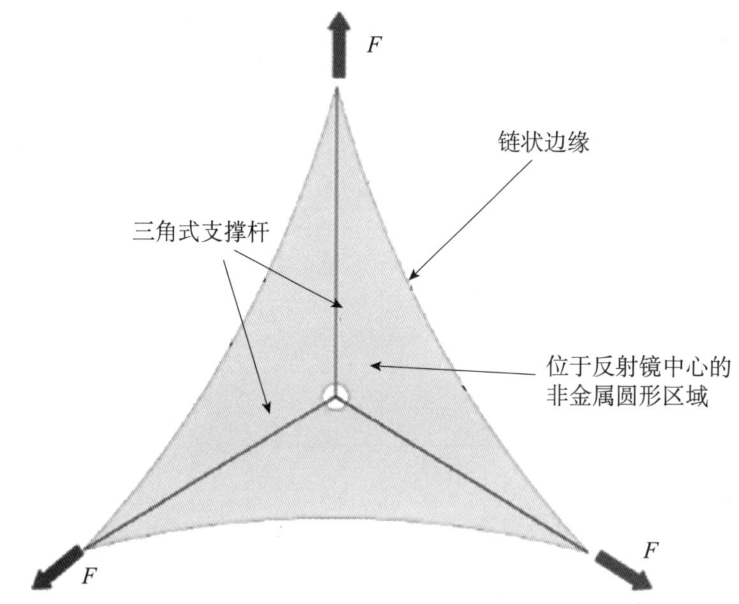

图 12.11　自展式薄膜反射镜卫星，边缘大小为 307 米

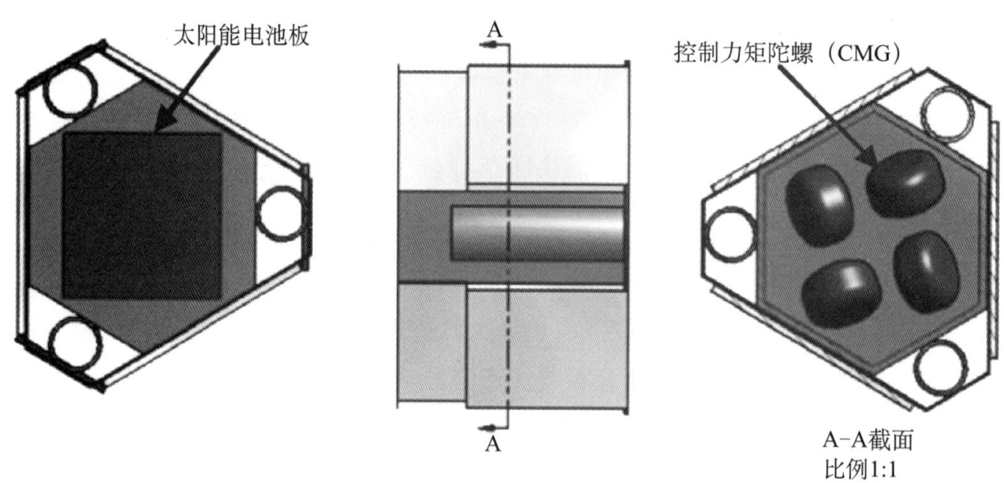

图 12.12　反射镜卫星安装配置（4.6 × 3 m）

注：顶部太阳能电池板位于左侧，控制力矩陀螺位于主体右侧

卫星包含一个三角形的反射镜，其边缘大小为 307 米。之所以选择三角形的形状，是因为它可以通过位于三个点（构成一个平面）的三个支撑杆支撑，支撑杆的末端装有弹簧，弹簧能将 2.5 微米厚的反射镜膜展平。设计边缘部分的原因在于反射镜可以折叠收起，从而匹配现代的发射器。支撑杆是靠一个包含姿态控制和卫星

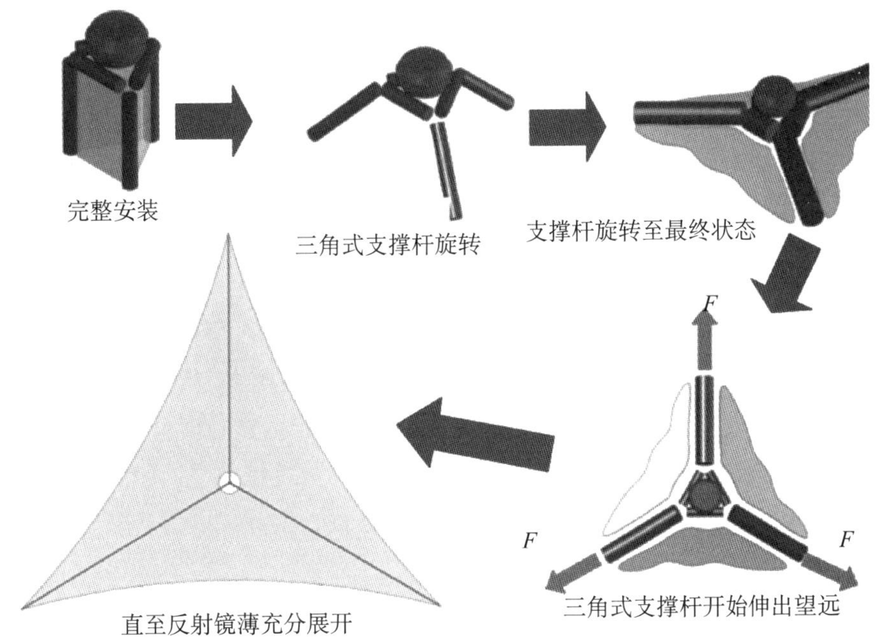

图 12. 13　展开步骤

反射镜折射模式设计，采用大型平板组件。

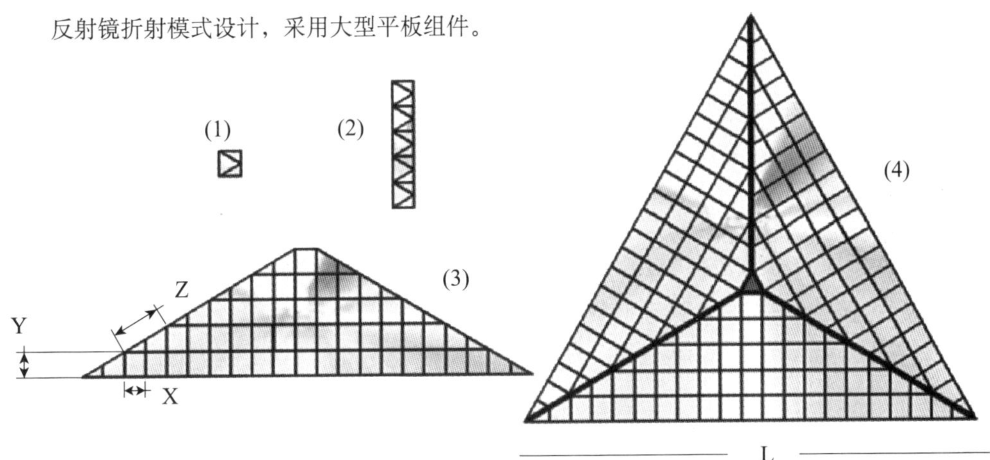

图 12. 14　结果

注：反射镜组件按照从（1）、（2）到（3）的顺序打开。N = #（奇数），Y = 2Xtan（30） = 1. 16X，Z = 2X/cos（30） = 2. 3 XL = （4N + 1）X，A = 0. 435 L^2。例 1A = 1200 sq m，L = 53 m。设 X = 1 m，则 N = 52/4，N = 13。例 2 L = 303 m，A = 40000 sq m 左右。设 X = 3 m，则（4N + 1）3 = 303，N = 25。

通信系统的中心体支撑的。

这是一种自展式反射镜卫星设计。图 12. 12 和图 12. 13 所示为太阳光被太空望远镜接收后，旋转 90°进入卫星主体内部。遇到卫星体或在光束之间，反射镜薄膜会折叠收起。含三个反射镜元件的卫星的折叠和打开模式参见图 12. 14。

如图 12. 13 所示，在轨道上立刻展开，光束旋转，被望远镜接收，反射镜膜展开，然后通过支撑杆端部的弹簧拉平。

利用薄反射镜膜设计大面积反射镜太阳帆的一个重要问题是要将表面设计的足够平整才能获得需要的反射光量。

能够控制反射镜卫星的方向，以便将反射的太阳光反射到指定的陆地太阳能发电站，以及当卫星通过上空时保持姿态也是关键性要求。幸运的是，国际空间站（ISS）采用的控制力矩陀螺的力矩符合要求。[4] 中对图 12. 11 的反射镜卫星的质量特点和分布都进行了初步估计。从中可以看出，卫星的转动惯量 I 预测值为 4. 7 × 10^6 kgm^2。假设国际空间站中控制力矩陀螺的力矩 T 为 258 Nm，计算得出的合理电压转换速率为 5 秒/度，对于更详细的系统设计而言具备可行性。

12. 6 经济性

根据 DOE Sun Shot 计划的观点，关键问题是成本收益分析。DOE 表示 2020 年太阳能发电的价格为 1. 20 美元/瓦[9]，Sun Shot 目标为 6. 1 美分/千瓦时。但是，NREL 自下而上分析表示随着演进式开发能够实现的价格将是 1. 71 美元/瓦[9]，合 8 美分/千瓦时，未能达到目标。

但考虑到想象力和本文所介绍的革命性太空反射镜概念，DOE 目标是可以实现的。假设东西轴跟踪地面太阳能站范围为 ±60°，则图 12. 5 显示自然光每日 8 千瓦时/平方米，反射镜反射太阳光为每天 6 千瓦时/平方米。现在假设晴天太阳光充足以及偶尔多云，则这一数字可能变为 7 和 5。反射镜可以增加 12/7 = 1. 71 倍太阳能。另一个问题是成本问题。220 GW 地面太阳能电站的花费为 220 × 17. 1 亿美元 = 3760 亿美元，假设当发射成本为每千克 1100 美元时，首批 18 个卫星成本为 320 亿美元，但接下来的 36 个卫星成本将会是 2 × 110 亿美元，因为发射成本会降低。随着反射镜数目增加，成本处罚将为（376 + 54）/376 = 1. 15。现在，以额外成本生产更多能源，净利益为 1. 5。这样能源成本降低至 8/1. 5 = 5. 3 美分/千瓦时。这真令人兴奋！当然，还不要忘记现在晚上也可以利用太阳能能源，这一点可能更令人激动。

12. 7 反射镜卫星组发展路线图

[3、4] 中，晨昏轨道上安装的由 18 个反射镜卫星构成的 MiraSolar 阵列卫星组与 ISC SPS[2] 从项目成本和能源产量前景两方面做了对比。结果显示如表 12. 2 所示。从

图中可以看出，假设发射成本相同，均为美国国家航空航天局研究得出的 400 美元/千克[2]，则两者的开发成本差不多，但是以 24 小时计算，由于假定有地面光伏发电站，所以 MiraSolar 能生产 18.3 GW 电，ISC SPS 产量为 1.5 GW，这意味着成本降低 18.3/1.2 =15 倍，反射镜成本只有 6 亿美元/GW，是一个很具经济性的方案。

表 12.2　太空太阳能系统对比

参数	MiraSolar	ISC SPS
轨道	1000 km	36000 km
卫星数量	18	1
每个卫星上的反射镜面积	78 km^2	12.8 km^2
反射镜总面积	1404 km^2	12.8 km^2
24 小时/日地球发电（W[a]）	220 × 2/24 = 18.3 GW[a]	1.2 GW
成本（400 美元/千克）	110 亿美元	140 亿美元
24 小时 GW 价格（美元）	6 亿美元/GW[a]	117 亿美元/GW
地面电站规模	5.5 GW	1.2 GW

[a] 见表 12.4 的注脚

尽管这表明已经向前迈进了一大步，但仍然面临诸多挑战。对于现在的成本，仍然面临降低发射成本的挑战，以及项目规模庞大。庆幸的是，根据 Mankins[10] 的观点，成本降低与规模的经济性有关系，所以这两个问题之间也相关，如图 12.15 所示。

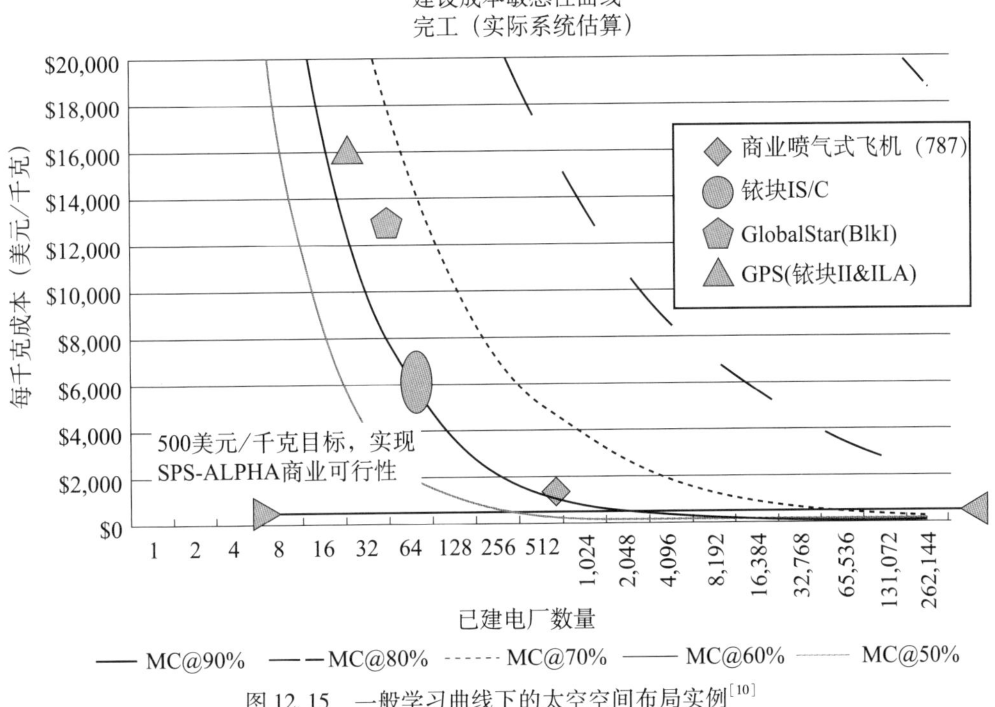

图 12.15　一般学习曲线下的太空空间布局实例[10]

低成本太阳能发电

起初，这个项目只是开发一个图 12.11 所示类型的反射镜卫星。参见［4］中说明。仅 18 个反射镜卫星构成的反射镜卫星组提供的照明程度相当于满月时的光亮效果，可以代替城市市中心夜晚街灯，很具经济性。这些项目可以通过现在的发射器实现。但是，这一项目将进入太阳能发电卫星组，如表 12.3 的路线图所示。

表 12.3　开发路线图

步骤	成本估算
1. 首个反射镜卫星，用于 4 个迪斯尼公园夜间照明	2000 万美元（研发阶段）
2. 18 个反射镜卫星，用于城市街道照明	7000 万美元
3. 18 反射镜阵列组，用于陆地太阳能发电站	320 亿美元
4. 2 组 18 反射镜阵列组，用于太阳能发电站	110 亿美元 ×2

太阳能发电项目的经济性分析关键问题是：需要多少个反射镜卫星、采用什么样的发射器，以及可能的发射方案。18-MiraSolar 阵列包含 40 × 40 = 1600 反射镜卫星（边缘 300 米，面积相当于 250 米直径的面积），这意味着首个 18 阵列组需要 28800 个反射镜卫星。幸运的是，大容量发射系统目前正在设计中。例如，美国国家航空航天局太空发射系统（SLS）目前正在应用，每个超重举升设备可以将 70 公吨的物体升入轨道[11]。若每个反射镜卫星重 1.2 公吨，以每个发射器承重 70 公吨，首个 18 – MiraSolar 阵列将需要 28800 × 1.2/70 = 494 台发射器。首个 SLS 试验发射计划于 2017 年进行。

到 2021 年，超重举升设备有望全面投入运行。

假定图 12.15 的学习曲线特征，假设 500 左右发射器的发射成本约为 1000 美元/千克是合理的。按照 18 全轨道 MiraSolar 阵列组早晨发电 3 小时和夜间发电 3 小时计，所需发射 1500 次，发射成本应降至 500 美元/千克。1500 次发射以天为单位计算将需要 1500/365 = 4 年左右，这意味着 MiraSolar 阵列组可能到 2025 年完全投入运行。

但是该项目的规模庞大，与其他大规模的可再生能源项目，如中国现在运行中的三峡大坝项目做比较是很有趣的。表 12.4 将这两个项目做了对比。需要注意的是 MiraSolar 项目电能的资本成本低于三峡大坝项目成本，土地使用率更好，最后从表 12.3 中可以看出，启动成本也更低。

表 12.4　MiraSolar 与三峡大坝对比

对比	三峡大坝	18 反射镜阵列卫星组	54 反射镜阵列卫星组
成本	370 亿美元	320 亿美元	540 亿美元
电能（24 小时/天）	220 GW	180 GW[a]	540 GW[a]
每 24 小时电能成本（瓦[a]）	1.68 美元/瓦	1.77 美元/瓦[a]	1 美元/瓦[a]
土地使用	22 GW 需要 700 km^2	（5 GW 需要 100 km^2）×40	（5 GW 需要 100 km^2）×40

[a]不要将表中的 W 与太阳峰值瓦特（W_p）混淆。精确到 24 小时。

12.8　小　结

为了理解本文所述的这一简单概念，人们需要将其与前文中 Feingold 和 Carrington 介绍的集成对称集中器太阳能发电卫星（ICS SPS）进行对比，如图 12.1 所示[2]。该概念包括两组 42 个大型反射镜组，将太阳光集聚到一个中心卫星体，中心卫星体上装有太阳能电池阵列可以吸收阳光并转化成电能，然后转换为微波波束。太阳能发电卫星（SPS）将能源传输至地球上一个专门的地面发电站，将能源转换为电能。这个 ICS SPS 概念大小为 5×15 公里，地面发电站直径 8 公里，卫星位于距离地球 36000 公里的地球同步轨道上。

通过比较，本文所述概念也包括了一个大型的反射镜阵列，但是这一阵列位于 1000 公里高的近地轨道，太空中进行的多个能源转换步骤都可以省略，地面电站是传统的已经建成的太阳能发电场。

此外，针对传统太阳能发电卫星概念建议的阵列需要在太空中组装，自展式并且用如今的发射器可以发射的反射镜元件，本文也已经介绍过。

美国国家航空航天局火星探测车项目取得令人瞩目的成功。但是，这个项目花费高达 25 亿美元。本章总体介绍了一个更为务实的美国国家航空航天局开发项目，亦具有革命性，有助于解决未来全球能源需求。

参考文献

[1] P. E. Glaser, Power from the Sun: its future. Science 162 (3856), 857 - 861 (1968)

[2] H. Feingold and C. Carrington, Evaluation and comparison of space solar power concepts, 53rd IAF Congress. Acta Astronautica 53 (4 - 10), 547 - 559 (2003)

[3] L. M. Fraas, Mirrors in space for low cost terrestrial solar electric power at night,

38th IEEE Photovoltaic Specialists Conference (PVSC), 2012, 3 - 8 June 2012

[4] L. Fraas, A. Palisoc, B. Derbes, Mirrors in dawn dusk orbit for low cost solar electric power in the evening, AIAA paper 2013 – 1191, 51st Aerospace Sciences Meeting, TX, 10 Jan 2013

[5] K. A. Ehricke, Space light: space industrial enhancement of the solar option. Acta Astronaut. 6 (12), 1515 - 1633 (1979)

[6] V. A. Chobotov, Sun synchronous orbits, in Orbital Mechanics, 2nd edn. (AIAA, New York, 1996), p. 218

[7] G. A. Landis, Reinventing the solar power satellite, *NASA TechMemo TM-2004-212743 (2004)*

[8] Global Market Outlook for Photovoltaics 2013—2017, European Photovoltaic Industry Association http: // www. epia. org/fleadmin/user _ upload/Publications/GMO _ 2013_ -_ Final_ PDF. pdf

[9] A. Goodrich, T. James, M. Woodhouse, Residential, commercial, and utility-scale photovoltaic (PV) system prices in the United States: current drivers and cost-reduction opportunities, Technical Report NREL/TP-6A20-53347, Feb 2012

[10] J. C. Mankins, 2011 - 2012 NASA NIAC Project Report. SPS-ALPHA: the first practical solar power satellite via arbitrarily large phased array, 15 Sept 2012

[11] NASA Space Launch System, www. nasa. gov/sls/ Accessed1 June 2013

附件　与表 12.1 和全球变暖有关的运算

假设 40 个直径 10 km 的地面站每天接受 6 小时照射。地面站面积为 $40\times78=3120\ km^2$。同时假设除面向地面站之外的反光镜均远离地球，经反光镜收集发回地面站的能量为 $1.37\ kW\times3.12\times10^9\times6$ 小时/天。

计算上述能量与全天到达地球的太阳能的比率，后者计算如下：$1.37\ kW\ (6.4\times10^6)^2\times3.14\ m^2\times24$ 小时/天 $=1.37\ kW\times128\times10^{12}\times24$ 小时/天。

两能量比率为 $3.12\times6\ \times10^9/128\times24\times10^{12}=0.006\times10^{-3}$ 或者百万分之六。取地球表面温度为 300K，则将升温 $1.8\times10^{-3}=0.0018$℃。

接下来计算另一种能源——天然气发电带来的升温幅度，以每天发电 14 小时运转 20 年的 220GW 天然气发电厂为例。根据表 A.1，每 10^6 个英国热量单位的能量产生的排放量为 $1.2\times10^5\times453$ g。取热量转化为电量的效率为 50%，1 个英国热量单位 $=3\times10^{-4}$ kWh，每 kWh 能量产生的排放量则为 $2\times1.2\times453\times\ 10^5$ g/ 300 kWh = 109 g/300 kWh = 1.1 g/3 kWh = 0.35 g/kWh。

表 A.1　化石燃料的排放水平（每十亿个英国热量单位能量输入产生的排放量英镑数）

污染物	天然气	石油	煤炭
二氧化碳	117000	164000	208000
一氧化碳	40	33	208
氮氧化物	92	448	457
二氧化硫	1	1122	2591
微粒	7	84	2744
汞	0.000	0.007	0.016

来源：EIA《1998 天然气报告：问题与趋势》

每天发电 14 小时运转 20 年的 220GW 天然气发电厂会产生多少二氧化碳呢？由已知算得总发电量 $220\times14\times365\times20$ GWh $=2.25\times10^7$ GWh $=2.25\times10^{13}$ kWh，取代的二氧化碳排放量即为 $2.25\times0.35\times10^{13}$ g $=8\times10^{12}$ g = 8 Tg。

根据图 A.1 和 A.2，10000 Tg 的二氧化碳排放量造成全球变暖 0.4 ℃左右。因此，通过避免天然气燃烧产生的二氧化碳将使全球变暖幅度下降 $8\times0.4/1000$ ℃ =

0.0032 ℃。如果改而燃烧煤炭，则会产生一氧化碳，从而导致温度上升 0.0057 ℃。

虽然两种替代能源的影响均较小，但是与煤炭燃烧相比，太空反光镜的净效益因子可达 3.2。最后，值得注意的是，太空反光镜仅会带来一次性影响，而排放二氧化碳却会带来永久的累积影响。

全球排放趋势

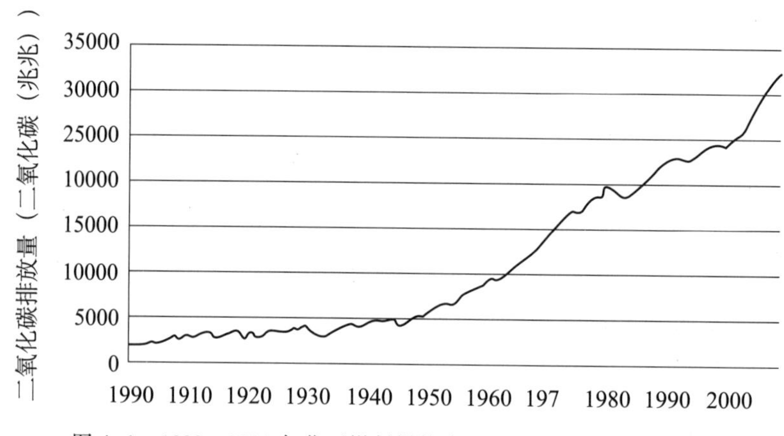

图 A.1　1900—2008 年化石燃料燃烧产生的全球二氧化碳排放量

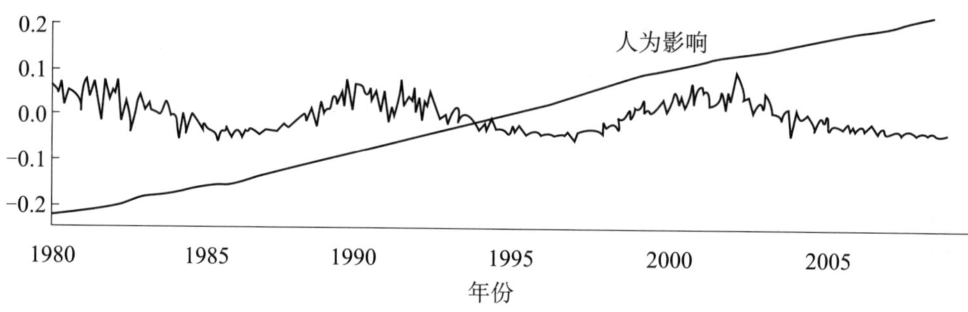

图 A.2　升温幅度（℃）

作者简介

1975 年以来，Fraas 博士一直活跃在为空间和地面应用研发太阳能电池和太阳能电力系统的舞台上。1989 年，在其带领下，波音高科技中心的研究团队推出了首例 GaAs/GaSb 叠层聚光太阳能电池，以高达 35% 的能量转化效率打破了世界纪录。由于工作突出，波音和美国国家航空航天局分别向 Fraas 博士颁发了奖励和表彰。在休斯研究实验室、雪佛龙研究公司和波音高科技中心的工作经历不仅让他接触到了先进的半导体器件，还给他带来了 30 多年的丰富经验。1993 年，Fraas 博士加入 JX 晶体公司，由此揭开了他引领先进太阳能电池和聚光太阳光系统发展的新篇章。在 JX 晶体公司工作期间，他率先结合新型 GaSb 红外光感光伏电池研发出各种各样的热光伏（TPV）系统。1978 年，当时任职休斯研究实验室的 Fraas 博士发表了一篇论文，开创性地提出了预计在 300 倍聚光条件下地面转化效率高达 40% 的 InGaP/GaInAs/Ge 三结太阳能电池。今天，高达 40% 的转化效率已经成为现实，而这类电池业已在空间卫星领域占据主导地位。如今，我们即将进入地面聚光光伏（CPV）系统的批量生产时代。

Fraas 博士先后获得加州理工学院物理学学士、哈佛应用物理学硕士和南加州大学电子工程学博士学位。在加州理工学院求学期间，他师从 Richard P. Feynman 教授学习物理学知识。Fraas 博士撰写了 350 多篇技术论文，取得了 60 多项专利，并著有《平价太阳能发电和 35% 太阳能电池效率背后的漫漫长路》（2005 年）一书。此外，他还参与了 2010 年出版的作为 Wiley 丛书之一的《太阳能电池及其应用》（第二版）的编辑和撰写工作。

低成本太阳能发电
Lewis M. Fraas

本书通过清楚、易懂的方式描述了降低太阳能发电成本取得的重大突破和进展。作者在本书中主要介绍了太阳能领域存在广泛争议的三个方面：成本、可用性和可变性。本书涵盖了最近研发的40%高效太阳能电池的最新信息，其电能产量比当前使用的商用电池高出一倍多。本书还着重介绍了将太阳能储存与使用天然气进行热电联产系统相结合的可行性。此外，本书还针对太阳能发电的夜间光照问题提出了全新见解，建议通过低成本接入太空以及在全球部署更多大型地面太阳能电场的方式解决这一问题。

1975 年至今，Fraas 博士始终致力于太阳能电池以及空间和地面装置用太阳能发电系统的研发工作。1989 年，Fraas 博士带领的波音高科技中心的研究团队推出了首例 GaAs/GaSb 叠层聚光太阳能电池，以高达35%的能量转化效率打破了世界纪录。由于工作突出，波音和美国国家航空航天局分别向 Fraas 博士颁发了奖励和表彰。他在休斯研究实验室、雪佛龙研究公司和波音高科技中心工作 30 余年，熟悉操作各类先进的半导体装置。Fraas 博士曾发表一篇论文，开创性地提出了预计在 300 倍聚光条件下地面转化效率高达 40% 的 InGaP/GalnAs/Ge 三结太阳能电池。如今，高达 40% 的转化效率已经成为现实，而这类电池业已在空间卫星领域占据主导地位，我们即将进入地面聚光光伏（CPV）系统的批量生产时代。Fraas 博士加入 JX 晶体公司后，率先结合新型 GaSb 红外光感光伏电池研发出各种各样的热光伏系统。Fraas 博士先后获得加州理工学院物理学学士、哈佛应用物理学硕士和南加州大学电子工程学博士学位。